高等学校计算机专业教材精选·算法与程序设计

程序设计基础
学习指导及实践指南

卢　玲　曹　琼　主　编

刘恒洋　李　梁　刘亚辉　参　编

清华大学出版社

北　京

内 容 简 介

本书是作者结合多年讲授"程序设计基础"课程及指导学生实验的教学经验编写而成的。全书分为上、中、下三篇。上篇是习题解析及专项练习,共13章,内容包括C程序的基本结构,数据类型、运算符与表达式,选择结构程序设计,循环结构程序设计,数组,字符串,指针,函数,结构体,文件,同时还包括数组、函数和指针再探以及专项综合练习题。每章分别包括本章内容和专项练习两大模块。其中,本章内容中的习题解析对典型知识点进行了深入细致的分析,专项练习包括单项选择题和程序阅读题两种题型。中篇是实验指南,内容包括实验目标、实验要求、C语言的运行环境及12个主题实验。每个实验分为实验目的、基础练习、进阶练习、实验结果,其练习题的难度是递进式的。下篇是课程设计。内容包括课程设计的目的、课程设计流程、考核办法、应提交的资料以及选题须知。书后的附录给出了C语言常用调试技巧、课程设计报告文档格式、课程设计备选题目及专项练习参考答案。

本书的案例及习题覆盖了"程序设计基础"课程的关键知识点,内容全面,题量丰富。实验指南及课程设计的内容安排注重教学的实用性与易用性。

本书可作为《C语言入门经典(第5版)》(ISBN:9-787-302-17083-9)的配套学习辅导教材。也可自成一体,脱离其他程序设计基础教材单独使用;可作为高等院校计算机专业、信息专业或其他相关专业学生学习"程序设计基础"和其他程序设计类课程的参考教材,也可作为广大参加计算机自学考试的人员和软件工作者的参考用书。

图书在版编目(CIP)数据

程序设计基础学习指导及实践指南/卢玲,曹琼主编. —北京:清华大学出版社,2018(2024.8重印)
(高等学校计算机专业教材精选·算法与程序设计)
ISBN 978-7-302-51301-8

Ⅰ. ①程… Ⅱ. ①卢… ②曹… Ⅲ. ①程序设计-高等学校-教学参考资料 Ⅳ. ①TP311.1

中国版本图书馆CIP数据核字(2018)第223839号

责任编辑:张 玥
封面设计:常雪影
责任校对:徐俊伟
责任印制:刘 菲

出版发行:清华大学出版社
    网 址:https://www.tup.com.cn,https://www.wqxuetang.com
    地 址:北京清华大学学研大厦A座   邮 编:100084
    社 总 机:010-83470000   邮 购:010-62786544
    投稿与读者服务:010-62776969,c-service@tup.tsinghua.edu.cn
    质量反馈:010-62772015,zhiliang@tup.tsinghua.edu.cn
    课件下载:https://www.tup.com.cn,010-83470236
印 装 者:三河市龙大印装有限公司
经 销:全国新华书店
开 本:185mm×260mm   印 张:11   字 数:275千字
版 次:2018年12月第1版   印 次:2024年8月第6次印刷
定 价:45.00元

产品编号:079980-02

前　言

随着计算机技术的发展,各应用领域已逐渐将计算思维能力、程序设计能力作为从业者的基本能力。"程序设计基础"课程旨在帮助学习者学习结构化程序设计的一般性方法,深入理解编程思想,提高计算思维能力。通过学习一门程序设计语言,结合大量编程实践,学习者可以熟练掌握基本编程技术,形成对数据及其存储的认知,进而利用计算机这一工具解决实际工程应用问题。本书设置了典型案例、专项练习,尤其是程序阅读练习及大量精心选择和设计的实验,使学习者通过循序渐进的实践提高编程基本功,成为"会编程序"的程序员。学习者应注意把握程序设计方法与编程语言学习相辅相成的原则,通过学习程序设计语言理解程序设计思想,避免学习时只见树木、不见森林,为进一步学习编写高效的计算机程序,以及学习计算机系统的相关理论奠定坚实的技术基础。

1. 结构安排

全书分为上、中、下三篇。

上篇是习题解析及专项练习,包括13章。第1~11章为章节练习,内容包括C程序的基本结构,数据类型、运算符与表达式,选择结构程序设计,循环结构程序设计,数组,字符串,指针,函数,结构体,文件,同时还包括数组、函数和指针再探,每章分别包括本章内容和专项练习两大模块。其中,本章内容中的习题解析对典型知识点进行深入细致的分析,专项练习包括单项选择题和程序阅读题两种题型。第12、13章分别为单项选择综合练习和程序阅读综合练习。

中篇是实验指南,内容包括实验目标、实验要求、C语言的运行环境及上机实验四部分。其中上机实验包括12个实验模块。每个实验模块分为实验目的、基础练习、进阶练习、实验结果部分。实验题目选取注重突出程序设计思想、能力的培养,难度循序渐进,以适应不同读者的需要。实验内容丰富,全部12个实验模块的代码量超过5000行。

下篇是课程设计,内容包括对课程设计目的、课程设计流程、考核办法、应提交的资料及选题须知的详细描述。

本书的附录包括C语言常用调试技巧、课程设计报告文档格式、课程设计备选题目及专项练习参考答案。其中课程设计题目包括基础类/算法类、字符串类、管理系统类三类题目,共计42个备选题目,供读者选择学习,这些题目覆盖了程序设计基础的常用知识点,涉及经典算法及小型应用。

2. 本书特点

本书内容的规划和组织源于作者多年讲授"程序设计基础"课程及指导学生实验的教学实践经验,同时参考近年来出版的多种程序设计基础理论、实践教材及其他参考书籍编写而成。本书具有如下特色。

（1）内容覆盖全面

本书包括习题解析及专项练习、实验指南、课程设计三部分内容,覆盖了教学的理论、实验、课程设计三大环节,适用于教学全程,包括课内教学和课外自学,具有良好的实用性和易用性。

（2）实验内容丰富，富有层次，突出个性化学习

本书的实验独立成篇，便于程序设计基础的实验教学。实验内容丰富，实验总代码量超过 5000 行。基础练习以"快速练习，熟练掌握"为目标；进阶练习以"深入练习，灵活运用"为目标。按难易层次划分实验内容，便于教师因人施教，也便于读者自学时自我评价。

（3）案例典型，专项练习突显能力培养，富有启发性

本书的习题解析案例与课程的关键知识点结合紧密。专项练习题数量丰富，注重选取与实际应用相结合的带启发性的习题，以突出学习重点，提高学生学习兴趣，加深对结构化程序设计方法的理解。全书的专项练习、实验习题配置突显培养问题分析，程序设计、编写、调试能力的课程主旨。

为方便教学，本书配套资料包含练习题答案及实验习题、课程设计答案、课程教学视频资源、课程设计教学视频资源，本书配套实验习题均可通过在线平台（http：//coj.cqut.edu.cn）进行在线练习。

3. 适用对象

本书内容自成一体，既可配合程序设计基础教材使用，也可以脱离教材作为单独的学习指导书，起到衔接课堂教学与实验教学、课后辅导的作用。

本书可作为高等院校计算机类本科、专科各专业，理工科信息类本科、专科各专业或其他相关专业学生学习"程序设计基础"和其他程序设计类课程的参考教材，也可作为广大参加计算机自学考试的人员和软件工作者的参考用书。

本书上篇第 6～8 章及中篇实验 1～8 由卢玲编写，上篇第 1～5 章及中篇实验 9～12 由曹琼编写，上篇第 9～13 章及下篇由刘恒洋编写，附录 A 及附录 B 由李梁编写，附录 C 及附录 D 由刘亚辉编写。全书由卢玲统稿。

由于编者的知识和写作水平有限，本书内容虽经过反复校正，仍难免存在错误或不妥之处，敬请广大同行专家和读者不吝指正，以便我们及时修改，感激不尽！

本书的编写得到重庆理工大学计算机科学与技术系机器学习与信息检索实验室同学的协助，参与本书习题校正的有陈继学、李莹、李云乔、雷子鉴、张欢、张毅。在此向各位付出辛勤劳动的同行表示衷心的感谢！

作 者

2018 年 5 月

目　　录

上篇　习题解析及专项练习

第1章　C程序的基本结构

1.1　本章内容

1.1.1　基本内容

本章主要内容包括：C程序的基本结构；函数的结构；C程序的执行过程及函数间的关系；高级语言程序的编写过程，包括程序编写、编译、调试及执行过程。

1.1.2　学习目标

(1) 熟悉和理解高级语言编程各阶段的任务及其操作方法，包括程序的编写、编译、连接及运行。

(2) 掌握C程序的基本结构，包括以下内容：

* C程序的基本单位。
* 函数的结构。
* 函数首部的三要素：函数名、函数类型、函数参数表。
* 程序的执行过程以及函数之间的关系。

1.1.3　习题解析

【例1-1】　以下说法正确的是_____。

(A) C程序总是从第一个定义的函数开始执行

(B) 在C程序中，要调用的函数必须在main()函数中定义

(C) C程序总是从main()函数开始执行

(D) C程序中的main()函数必须放在程序的开始部分

解答：(C)。

分析：C程序的基本单位是函数。C程序中总是包含一个或多个函数，其中有且仅有一个main()函数。C程序的执行总是从main()函数开始，与函数在程序中书写的先后顺序没有关系，因此选项(A)、(D)错误。即使函数间存在调用关系，也不能将被调函数定义在主调函数内部，函数之间在结构上是各自独立的，即C程序不允许函数嵌套定义，因此选项(B)错误。

【例1-2】　C程序的基本单位是_____。

（A）程序行 　　　　　（B）语句 　　　　　（C）函数 　　　　　（D）字符

解答：（C）。

分析：C 程序的基本单位是函数。任何一个 C 程序总是由一个或若干个函数构成，其中有且仅有一个 main()函数。函数中包含若干说明语句和可执行语句。

【例 1-3】 C 语言的编译程序_____。

（A）是 C 程序的机器语言版本 　　　　　（B）是一组机器语言指令

（C）可将 C 源程序编译成目标程序 　　　　　（D）是由制造厂家提供的一套应用软件

解答：（C）。

分析：C 语言的编译程序是一种可将 C 语言源程序翻译成目标程序的系统软件。

【例 1-4】 下列关于 C 程序的说法，错误的是_____。

（A）每个语句必须独占一行，语句的最后可以是一个分号，也可以是一个回车换行符号

（B）每个函数都有一个函数头和一个函数体，主函数也不例外

（C）主函数可以调用其他函数，其他函数间也可以相互调用，但其他函数不能调用主函数

（D）程序是由若干个函数组成的，但必须有且仅有一个主函数

解答：（A）。

分析：所有 C 语句都以分号作为结束标志，而且不必独占一行，因此选项（A）是错误的。

【例 1-5】 C 程序编写的步骤包括_____。

（A）编写、编译、连接、运行 　　　　　（B）编写、翻译、调试、运行

（C）编写、解释、调试、运行 　　　　　（D）编辑、改错、解释、调试

解答：（A）。

分析：C 程序首先经过"编写"生成源代码，再经过"编译"生成目标代码，然后经过"连接"生成可执行代码，最后"运行"可执行代码。

1.2 专项练习

1.2.1 单项选择题

1. C 程序是由_____构成的。

　　（A）一些可执行语句 　　　　　（B）main()函数

　　（C）函数 　　　　　（D）包含文件中的第一个函数

2. C 程序从_____开始执行。

　　（A）程序中的第一条可执行语句 　　　　　（B）程序中的第一个函数

　　（C）main()函数 　　　　　（D）包含文件中的第一个函数

3. C 程序从 main()函数开始执行，所以 main()函数应写在_____。

　　（A）源程序文件的开始 　　　　　（B）源程序文件的最后

　　（C）它所调用的函数的前面 　　　　　（D）源程序文件的任何位置

4. 下列说法错误的是_____。

   （A）main()函数可以分为两个部分：函数首部和函数体

   （B）main()函数可以调用任何非 main()函数的其他函数

   （C）任何非 main()函数可以调用其他任何非 main()函数

   （D）程序可以从任何非 main()函数开始执行

5. 下列关于 C 程序的说法，错误的是_____。

   （A）C 程序的工作过程是编辑、编译、连接、运行

   （B）C 程序不区分大小写

   （C）C 程序的三种基本结构是顺序、选择、循环结构

   （D）C 程序从 main()函数开始执行

6. 系统默认的 C 语言源程序扩展名为 c，需经过_____后生成 exe 文件才能运行。

   （A）编辑、编译   （B）编辑、连接   （C）编译、连接   （D）编辑、调试

1.2.2　程序阅读题

1. 以下程序的输出结果是：_____。

```
void main()
{   int a=0,b=0;
    a=10;
    b=20;
    printf("a+b=%d\n",a+b);
}
```

2. 以下程序的输出结果是：_____。

```
void main()
{   int k=17;
    printf("%d,%o,%x \n",k,k,k);
}
```

3. 以下程序的输出结果是：_____。

```
void a(){ printf("%d",10); }
void b(){ printf("%d",100);}
void main()
{
    a();  b();  a();
}
```

4. 以下程序的输出结果是：_____。

```
void a(){ printf("%d",10); }
void b(){  a();  }
void main()
{
    a();  b();  a();
}
```

第2章 数据类型、运算符与表达式

2.1 本章内容

2.1.1 基本内容

本章主要内容包括：C语言的基本数据类型，包括整型、浮点型、字符型；C语言的算术运算符、赋值运算符及其他常用运算符；C语言的表达式及表达式的运算规则。

2.1.2 学习目标

（1）掌握各名词、术语的基本概念，包括标识符、变量、常量、数据类型、运算符、表达式的概念。

（2）理解变量定义的要素，即变量名和数据类型，理解变量定义的实质。

（3）掌握C语言的简单数据类型，包括整型、浮点型、字符型的存储方法以及各简单数据类型的适用范围、操作方法。

（4）掌握普通常量的使用方法、掌握符号常量的定义及使用方法。

（5）掌握常用算术运算符，赋值运算符，自增、自减运算符的运算规则。

（6）掌握表达式的运算规则，理解优先级和结合性的概念。

2.1.3 习题解析

【例2-1】 下列标识符中，不正确的C语言标识符是_____。

（A）register　　　　　（B）turbo_C　　　　　（C）auto_　　　　　（D）_123

解答：（A）。

分析：C语言的标识符应满足以下条件：由字母（a～z，A～Z），数字（0～9）或下画线（_）构成的，由字母或下画线开头的字符串。标识符不能与关键字重名。由于register是C语言的关键字，因此不满足标识符定义要求。

【例2-2】 下列数据中，不是C语言常量的是_____。

（A）'\n'　　　　　（B）"c"　　　　　（C）k-2　　　　　（D）012

解答：（C）。

分析：C语言的常量，无论是普通常量还是字符型常量，在程序运行过程中都不能修改其值。本题中，'\n'是转义字符常量，"a"是字符串常量，012是八进制整型常量。k-2是一个表达式，需通过变量k的值才能确定该表达式的值。因此k-2不是C语言的常量。

【例2-3】 C语言中，错误的整型常量是_____。

（A）1e+5　　　　　（B）37　　　　　（C）037　　　　　（D）0xaf

解答：（A）。

分析：选项（A）是一个浮点型常量，表示浮点数100000.0。选项（C）是八进制整型常量,选项(D)是十六进制整型常量,选项(B)是十进制整型常量,因此选项(A)错误。

【例 2-4】 sizeof(double)是_____。

(A) 函数调用   (B) 整型表达式

(C) 双精度(double)型表达式   (D) 非法表达式

解答:(B)。

分析:sizeof 是运算符,它的运算结果是:求表达式或数据类型的存储字节数,或系统为该数据类型所设置的存储字节数。sizeof(double)是求双精度型数据的字节数。由于字节数为整数,故答案为(B)。sizeof 不是函数调用,故选项(A)错误。sizeof 的结果类型与其运算对象的类型无关,故选项(C)错误。

【例 2-5】 若定义 x 为双精度(double)型变量,则能正确输入 x 值的语句是:_____。

(A) scanf("%f", x)   (B) scanf("%lf\n", &x)

(C) scanf("%lf", &x)   (D) scanf("%d", &x)

解答:(C)。

分析:选项(A)的"输入地址列表"有错,没有使用地址符"&",且输入格式符"%f"对应单精度浮点数也不正确,输入时会出现运行时错误;选项(B)的输入格式符中包含转义字符'\n',在输入时,转义字符'\n'不再表示回车换行,而是必须按原样输入,因此会引起输入错误;选项(D)的输入格式串不正确,"%d"对应整型数据,但 x 是双精度型变量,因此不能正确输入。

2.2 专 项 练 习

2.2.1 单项选择题

1. 下列不是 C 语言合法关键字的是_____。

     (A) switch   (B) char   (C) case   (D) default

2. 下列是 C 语言合法关键字的是_____。

     (A) next   (B) string   (C) do case   (D) struct

3. 下列不是 C 语言合法关键字的是_____。

     (A) long   (B) print   (C) default   (D) typedef

4. 下列是合法的 C 语言标识符的是_____。

     (A) −a1   (B) a[i]   (C) a2_i   (D) int t

5. 下列是合法的 C 语言标识符的是_____。

     (A) *y   (B) sum   (C) int   (D) %5f

6. 下列是合法的 C 语言标识符的是_____。

     (A) auto   (B) define   (C) 6a   (D) c

7. 下列是合法的 C 语言标识符的是_____。

     (A) 3ax   (B) x   (C) case   (D) union

8. C 语言的简单数据类型包括_____。

(A) 整型、浮点型、逻辑型　　　　　　　　　(B) 整型、逻辑型、字符型

(C) 整型、字符型、逻辑型　　　　　　　　　(D) 整型、浮点型、字符型

9. 下列正确的字符常量是_____。

(A) '\t'　　　　　　(B) "a"　　　　　　(C) "\n"　　　　　　(D) 297

10. 下列表达式中,_____是正确的 C 语言字符型常量。

(A) 'x1'　　　(B) e3　　　(C) "COMPUTER"　　(D) '#'

11. 在下列表达式中,属于字符型常量的是_____。

(A) A　　　　　(B) 'a'　　　　　(C) "A"　　　　　(D) b

12. 以下选项中,合法的字符型常量是_____。

(A) "B"　　　　(B) '\n'　　　　(C) '68'　　　　(D) E

13. 对定义"char c;",下列语句中正确的是_____。

(A) c='97'　　　(B) c="97"　　　(C) c='a'　　　(D) c="a"

14. 已知 ch 是字符型变量,不正确的赋值语句是_____。

(A) ch='a+b';　　(B) ch='\0';　　(C) ch='7';　　(D) ch=';';

15. 在 C 语言中,字符型变量所占的内存空间是_____。

(A) 2 个字节　　　　　　　　　　　　　(B) 4 个字节

(C) 1 个字节　　　　　　　　　　　　　(D) 由用户自定义

16. 若 int 类型数据占 2 个字节,则 unsigned int 类型数据的取值范围是_____。

(A) 0～255　　　　　　　　　　　(B) 0～65535

(C) −32768～32767　　　　　　　　(D) −256～255

17. 在 C 程序中,表达式 8/5 的结果是_____。

(A) 1.6　　　　　(B) 1　　　　　(C) 3　　　　　(D) 0

18. 已知 x 为整型变量,则执行以下语句后,x 的值为_____。

```
x=10; x+=x;
```

(A) 10　　　　　(B) 20　　　　　(C) 40　　　　　(D) 30

19. 下面表达式_____的值为 4。

(A) 11/3　　　　　　　　　　　　　(B) 11.0/3

(C) (float)11/3　　　　　　　　　　(D) (int)(11.0/3+0.5)

20. 已知字母 A 的 ASCII 码为十进制数 65,且有定义"char c;",则执行语句"c='A'+'6'−'3';"后,c 的值为_____。

(A) 69　　　　　(B) 'D'　　　　　(C) 错误　　　　　(D) 'd'

21. 若有定义"int n; float f=13.8;",则执行语句"n=(int)f%3"后,变量 n 的值是_____。

(A) 1　　　　　(B) 4　　　　　(C) 4.333333　　　(D) 4.6

22. 以下可以输出字符型变量 x 值的语句是_____。

(A) getchar(x);　　(B) fputc(x);　　(C) putchar(x);　　(D) puts(x);

23. 以下说法正确的是_____。

(A) 'x'+5 是错误的表达式

(B) C语言不允许不同数据类型的混合运算

(C) 强制类型转换时,类型符必须加括号

(D)(int)x+y 和(int)(x+y)是完全等价的表达式

2.2.2　程序阅读题

1. 以下程序的输出结果是：＿＿＿＿＿＿。

```
void main()
{ int x=102,y=012;  printf("%2d,%2d\n",x,y); }
```

2. 已知字母 A 的 ASCII 码为 65,以下程序的输出结果是：＿＿＿＿＿＿。

```
void main()
{ char c1='A',c2='y';  printf("%d,%d\n",c1,c2);}
```

3. 以下程序的输出结果是：＿＿＿＿＿＿。

```
void main()
{ int x=023; printf("%d,%d",x,x+5); }
```

4. 以下程序的输出结果是：＿＿＿＿＿＿。

```
void main()
{ int x=13,y=5;
  printf("%d\n",x%=(y/=2));
```

第 3 章   选择结构程序设计

3.1   本 章 内 容

3.1.1   基本内容

本章主要内容包括：C 语言的条件运算符、逻辑运算符；C 语言的选择结构控制语句，包括 if、if-else、switch 语句；选择结构程序设计方法；多重选择结构嵌套程序设计方法。

3.1.2   学习目标

（1）掌握 C 语言关系运算符的运算规则。学习构造关系表达式，掌握关系表达式的运算规则。

（2）掌握 C 语言逻辑运算符的运算规则。学习构造逻辑表达式，掌握逻辑表达式的运算规则。

（3）掌握选择结构程序的特点及其执行过程。

（4）掌握 if 语句、if-else 语句的基本语法结构。

（5）掌握 switch 语句的基本语法结构，理解与 if 结构的差异性及两类语句的适用范围。

（6）掌握选择结构、嵌套选择结构程序的编写方法。

3.1.3   习题解析

【例 3-1】   判断字符型变量 s 是否为小写字母的正确表达式是_____。

(A) 'a'<=s<='z'   (B) (s>='a')&(s<='z')

(C) (s>='a')&&(s<='z')   (D) ('a'<=s)and('z'>=s)

解答：(C)。

分析：用 C 语言的逻辑运算符 && 可以连接两个并列的条件，因此选项(C)的含义是 s>='a'，并且 s<='z'。& 是 C 语言的位运算符，and 不是合法的 C 语言运算符，因此选项(B)、(D)错误。选项(A)中，首先计算表达式'a'<=s 的值，再用得到的真值(1)或假值(0)值与字符'z'比大小，因此该表达式的描述是不符合逻辑的。

【例 3-2】   在表达式 if(!a)中，!a 与表达式_____等价。

(A) a==0   (B) a==1   (C) a==-1   (D) a!=0

解答：(A)。

分析：在 C 语言中，表达式值为 0 时称为假；表达式值为 1 时称为真。对表达式 if(!a)，有如下等价的描述：

if(!a) → if(!a 为真) → if(a 为假) → if(a==0) 或 if(a!=1)

因此正确答案为(A)。

【例 3-3】 以下关于 switch 语句的说法,正确的是 _____。

(A) case 子句之间是有先后顺序的

(B) case 子句后面可以没有 break 语句

(C) 必须在 case 子句的最后加上 default 子句

(D) switch(ch)中,变量 ch 可以是任何类型的数据

解答:(B)。

分析:C 语言 switch 语句的 case 子句之间没有先后顺序,可以没有 default 子句,如果有 default 子句,则 default 子句可以出现在多个子句中的任意位置。case 子句的末尾可以没有 break 语句,但一定要注意此时 switch 语句的执行过程。switch()语句中的表达式只能是整型或者字符型。因此选项(B)是正确的。

【例 3-4】 对以下三个语句,正确的判断是_____。

(1) if(a)s1;else s2   (2) if(a==0)s2;else s1   (3) if(a!=0)s1;else s2

(A) 三者是等价的   (B) 三者相互不等价

(C) 只有(2)和(3)等价   (D) 语句(1)的写法是错误的

解答:(A)。

分析:语句(1)表示当 a 非零时执行 s1 语句,当 a 为零时执行 s2 语句,因此与语句(2)和(3)是等价的。

3.2 专 项 练 习

3.2.1 单项选择题

1. 在 C 语言中,认为_____为逻辑"真"。

    (A) true   (B) 大于 0 的数   (C) 非 0 整数   (D) 非 0 的数

2. 表示关系 x≤y≤z 的 C 语言表达式为_____。

    (A) (x<=y)&&(y<=z)   (B) (x<=y)AND(y<=z)

    (C) (x<=y<=z)   (D) (x<=y)&(y<=z)

3. 判断字符型变量 c 是否为大写字母的表达式为_____。

    (A) 'A'<=c<='Z'   (B) (c>='A') & (c<='Z')

    (C) ('A'<=c)AND ('Z'>=c)   (D) c>='A' && c<='Z'

4. 设有语句 int a=2,b=3,c=-2,d=2;,则逻辑表达式 a>0&&b&&c<0&&d>0 的值是_____。

    (A) 1   (B) 0   (C) -1   (D) 出错

5. 设 a 为整型变量,则不能正确表达关系 10<a<15 的 C 语言表达式是_____。

    (A) 10<a<15

    (B) a==11||a==12||a==13||a==14

    (C) a>10&&a<15

    (D) !(a<=10)&&!(a>=15)

6. 设 x,t 均为整型变量,则执行语句 x=10;t=x&&x>10;后,t 的值为_____。

7. 若有定义 int i＝10；，则执行下列语句后，变量 i 的值是_____。

```
switch(i)
{  case 9: i+=1;
   case 10: i+=1;
   case 11: i+=1;
   default : i+=1;
}
```

　　　（A）13 　　　　（B）12 　　　　（C）11 　　　　（D）10

8. 以下语句中（其中 s1 和 s2 分别表示一条可执行语句），只有一个在功能上与其他三个语句不等价，它是_____。

　　　（A）if(a) s1；else s2； 　　　　（B）if(a＝＝0) s2；else s1；

　　　（C）if(a!＝0) s1；else s2； 　　　　（D）if(a＝＝0) s1；else s2；

9. C 语言对嵌套 if 语句的规定是：else 语句总是与_____配对。

　　　（A）其之前最近的 if 　　　　　　（B）第一个 if

　　　（C）缩进位置相同的 if 　　　　　　（D）其之前最近的且尚未配对的 if

10. 在 C 语言语句中，用作选择结构的条件表达式是_____。

　　　（A）可用任意表达式 　　　　　　（B）只能用逻辑或关系表达式

　　　（C）只能用逻辑表达式 　　　　　　（D）只能用关系表达式

11. 若有定义"int a＝3,b＝4；"，则条件表达式 a＜b? a:b 的值是_____。

　　　（A）3 　　　　（B）4 　　　　（C）0 　　　　（D）1

12. 若有定义"int w＝11,x＝12,y＝3,m；"，则执行以下语句后，变量 m 的值是_____。

```
m= (w<x) ?w:x;
m= (m<y) ?m:y;
```

　　　（A）1 　　　　　　　　　　　　　（B）2

　　　（C）3 　　　　　　　　　　　　　（D）以上结果都不对

3.2.2　程序阅读题

1. 若输入字符"s"，则以下程序的输出结果是：_____。

```
void main()
{  char ch;  ch=getchar();
   switch(ch)
   {  case 'a': printf("a=%c\n",ch);
      default: printf("end!\n");
      case 'b': printf("b=%c\n",ch);
      case 'c': printf("c=%c\n",ch);
   }
}
```

2. 若从键盘输入 58，则以下程序的输出结果是：_____。

```
void main()
```

```
{   int a;
    scanf("%d", &a);
    if(a>50) printf("%d ", a);
    if(a>40) printf("%d ",a);
    if(a>30) printf("%d ",a);
}
```

3. 以下程序的输出结果是：_____。

```
void main()
{   int a,b,c,s,w,t; s=w=t=0;
    a=-1; b=3; c=3;
    if(c>0) s=a+b;
    if(a<=0)
    {   if(b>0)
        if(c<=0) w=a-b;
    }
    else if(c>0) w=a-b;
        else t=c;
    printf("%d %d %d", s,w,t);
}
```

4. 以下程序的输出结果是：_____。

```
void main()
{   int a=15, b=21, m=0;
    switch(a%3)
    {   case 0: m++; break;
        case 1: m++;
    switch(b%2)
        {   default: m++;
            case 0: m++; break;
        }
    }
    printf("%d\n",m);
}
```

第4章 循环结构程序设计

4.1 本章内容

4.1.1 基本内容

本章主要内容包括：循环结构执行过程；C 语言的 for、while、do-while 循环控制语句；循环结构程序的编写；嵌套循环结构程序的编写。

4.1.2 学习目标

（1）理解和掌握循环结构程序的执行过程。
（2）掌握 for、while、do-while 语句的语法结构。
（3）能够运用任意循环结构控制语句编写具有循环结构、嵌套循环结构的程序。
（4）理解三种循环结构语句的特点、差别及各自适用的问题场景。

4.1.3 习题解析

【例 4-1】 表示程序流程的三种基本结构是_____。

（A）顺序、选择、循环 　　　　　　（B）选择、循环、返回
（C）函数、语句、数组 　　　　　　（D）主函数、子函数、变量

解答：（A）。

分析：在结构化程序设计中，任何复杂的程序结构总是能分解为三种基本结构的组合，即顺序结构、选择结构、循环结构。

【例 4-2】 退出一个循环语句（不终止函数的执行）的有效措施是_____。

（A）用 break 语句 　　　　　　（B）用 continue 语句
（C）用 return 语句 　　　　　　（D）用 exit()

解答：（A）。

分析：使用 break 语句可以终止当前循环语句。continue 语句只能终止本次循环，再对循环条件进行判断，从而决定是否继续执行下一次循环。使用 return 语句将会终止当前函数的执行，返回到主调函数。exit() 是退出函数，该函数的定义被包含在头文件 stdlib.h 中，无论在主函数还是其他函数中调用 exit()，都会结束程序，并将控制返回到操作系统。

【例 4-3】 对如下程序段，描述正确的是_____。

```
int x=10;
while(x=0) x=x-1;
```

（A）while 循环执行 10 次 　　　　（B）循环是无限循环
（C）循环体语句一次也不执行 　　　（D）循环体语句只执行一次

解答：（C）。

分析：在 while(x＝0)的描述中，x＝0 是赋值表达式，它将变量 x 的值从 10 改为 0，从而使 while 语句括号内表达式的值为 0，即 while 语句的条件为假，因此 while 语句的循环体将一次也不执行。本例要特别注意赋值运算符"＝"与关系运算符"＝＝"的差别。

4.2 专 项 练 习

4.2.1 单项选择题

1. 对 C 语言的 do-while 语句，下列说法正确的是_____。
   （A）do-while 语句构成的循环不能用其他语句构成的循环来代替
   （B）do-while 语句构成的循环只能用 break 语句退出
   （C）do-while 语句构成的循环，其循环体有可能一次都不执行
   （D）do-while 语句构成的循环，在 while 后的表达式为零时结束循环

2. break 语句不能出现在_____语句中。
   （A）switch （B）for （C）while （D）if…else

3. 对于 break 语句和 continue 语句的说法，错误的是_____。
   （A）break 语句不能用于循环语句和 switch 语句之外的任何其他语句中
   （B）break 和 continue 也可以用于 if 语句中
   （C）continue 语句只结束本次循环，而不是终止整个循环的执行
   （D）break 语句是结束整个循环过程，不再判断执行循环的条件是否成立

4. 语句"while(!y);"中的表达式!y 等价于_____。
   （A）y＝＝0 （B）y!＝1 （C）y＝!0 （D）y＝＝1

5. 若有"int a＝1,x＝1;"，则对以下语句，while 循环体执行的次数为_____。

```
while(a<10)
    x++;
a++;
```

   （A）无限次 （B）不确定次 （C）10 次 （D）9 次

6. 在以下程序段中，while 循环体执行的次数是_____。

```
int k=0;
while(k)k++;
```

   （A）无限次 （B）有语法错，不能执行
   （C）一次也不执行 （D）执行 1 次

7. 对以下程序段的叙述，正确的是_____。

```
x=-1;
do { x=x * x; }
while(x>0);
```

   （A）是死循环 （B）循环执行一次

8. 对以下程序段的叙述，正确的是_____。

```
int x=1;
do { x=-1*x; }
while(!x);
```

（A）是死循环 　　　　　　　　　　　（B）循环执行一次

（C）循环执行两次 　　　　　　　　　　（D）有语法错误

9. 语句"for(i=0,x=1;i=10&&x>0;i++);"的循环执行_____。

（A）无限次 　　　（B）不确定次 　　　（C）10 次 　　　（D）9 次

10. 执行以下语句"for(j=0;j<=3;j++) a=1;"后，变量 j 的值是_____。

（A）0 　　　　　　（B）3 　　　　　　（C）4 　　　　　　（D）1

11. 执行以下语句"for(i=0; i++<3;);"后，变量 i 的值为_____。

（A）2 　　　　　　（B）3 　　　　　　（C）4 　　　　　　（D）5

12. 设 x 和 y 均为整型变量，则执行以下语句后，变量 y 的值为_____。

```
for(y=1,x=1;y<=50;y++)
{   if(x>=0) break;
    if(x%2==1) {x+=5;continue;}
    x-=3;
}
```

（A）2 　　　　　　（B）4 　　　　　　（C）6 　　　　　　（D）1

4.2.2 程序阅读题

1. 以下程序的输出结果是：_____。

```
void main()
{   int a=1,b;
    for(b=1;b<10;b++)
    {   if(a>=8)  break;
        if(a%2==1){a+=5;continue;}
        a=3;
    }
    printf("%d\n",b);
}
```

2. 如果从键盘输入-255，则以下程序的输出结果是：_____。

```
void main()
{   int m;
    scanf("%d",&m);
    if(m<0) m*=-1;
    do
    {   printf("%X",m%16);
        m/=16;
```

```
        }while(m!=0);
}
```

3. 以下程序的输出结果是：_____。

```
void main()
{   int n;
    for(n=1;n<=10;n++)
    {   if(n%3==0)continue;
        printf("%d",n);
    }
}
```

4. 如果从键盘上输入 china♯ ,则以下程序的输出结果是：_____。

```
void main()
{   int v1=0,v2=0;
    char ch;
    while((ch=getchar())!='#')
    {   switch(ch)
        {   case 'a': case 'h':
            default: v1++;
            case '0':v2++;
        }
    }
    printf("%d,%d\n",v1,v2);
}
```

第5章 数   组

5.1 本 章 内 容

5.1.1 基本内容

本章主要内容包括:数组数据类型适用的问题场景;数组的存储方法;一维数组的定义、特点及操作方法;二维数组的定义、特点及操作方法。

5.1.2 学习目标

(1) 理解产生、运用数组数据类型的问题场景。

(2) 掌握一维数组的定义及元素访问方法,掌握一维数组的存储方法及因存储结构带来的操作特点。

(3) 掌握二维数组的定义及元素访问方法,掌握二维数组的存储方法。

5.1.3 习题解析

【例 5-1】 在 C 语言中,数组的名字代表_____。

(A) 数组全部元素的值　　　　　　　　(B) 数组的首地址

(C) 数组第一个元素的值　　　　　　　(D) 数组元素的个数

解答:(B)。

分析:在 C 语言中,如果在程序中引用数组的名字,实质是引用数组的首地址。例如:

```
int data_array[]={1,2,3,4,5,6,7,8,9,10};
printf("%x", data_array);              //输出数组的首地址
printf("%d", data_array[0]);           //输出数组的第一个元素的值
```

【例 5-2】 下列关于 C 语言数组的描述,正确的是_____。

(A) 一维数组中的元素,按其下标的先后顺序,在内存中占据连续的存储空间

(B) 引用数组元素的下标,不能是变量,必须是常量

(C) 如果数组元素的下标超过了数组长度的合法范围,编译时会报错

(D) 同一个数组中存储的多个元素,数据类型可以不一样

解答:(A)。

分析:数组是一种顺序存储方式,其元素按其下标的先后顺序在计算机的内存中占据连续的存储空间,因此此选项(A)正确。这一特点使数组元素的查询及定位操作比较容易、快速,但也使数组元素的动态操作代价较高,因为添加或删除元素时需移动大量的其他数组元素。引用数组元素的下标可以是变量,只要在合法的下标范围之内即可。当下标超出合法范围时,编译既不会报错,也不会报警。因此选项(B)和(C)错误。数组中所有的元素数据类型是完全一样的,因此选项(D)错误。

【例 5-3】 以下数组的定义和操作,错误的是_____。

(A) int a[10]; a[10]=0; (B) char a[10];

(C) int a[]={1,2,3}; (D) ♯define SIZE 10 float a[SIZE];

解答:(A)。

分析:定义数组时,指定的数组长度可以是普通常数或者符号常量。如果在定义数组时初始化数组元素,则可以不指定数组的长度,此时数组的长度为初始的元素个数,因此选项(B)、(C)、(D)是正确的。选项(A)定义了长度为 10 的整型数组,但是用 a[10]引用数组元素,其下标 10 超出了界限。

5.2 专项练习

5.2.1 单项选择题

1. 以下对一维数组 a 的定义,正确的是_____。

(A) char a(10); (B) int a[];

(C) int k=5, a[k]; (D) char a[3]={'a','b','c'};

2. 以下能对一维数组 a 进行初始化的语句是_____。

(A) int a[5]=(0,1,2,3,4,); (B) int a(5)={};

(C) int a[3]={0,1,2}; (D) int a{5}={10 * 1};

3. 已知一维数组 a 定义为"int a[10];",则对 a 数组元素的正确引用是_____。

(A) a[10] (B) a[3.5] (C) a(5) (D) a[0]

4. 以下说法中,错误的是_____。

(A) 构成数组的所有元素数据类型必须相同

(B) 用指针法引用数组元素允许数组元素的下标越界

(C) 一维数组元素的下标依次是 0,1,2,3……

(D) 删除一个数组元素时,该元素的存储空间不会释放

5. 若有以下数组定义,则数值 a 中最小的和最大的元素下标分别是_____。

```
int a[12]={1,2,3,4,5,6,7,8,9,10,11,12};
```

(A) 1,12 (B) 0,11 (C) 1,11 (D) 0,12

6. 假设 int 类型变量占用 2 个字节,有定义"int x[10]={0,2,4};",则数组 x 在内存中所占字节数是_____。

(A) 3 (B) 6 (C) 10 (D) 20

7. 若有说明语句"int a[][3]={{1,2,3},{4,5},{6,7}};",则数组 a 第一维的大小为_____。

(A) 2 (B) 3 (C) 4 (D) 无确定值

8. 以下定义语句中,错误的是_____。

(A) int a[]={1,2}; (B) char * a;

(C) char s[10]="test"; (D) int a[3]={0,0,0,0};

9. 以下对二维数组的定义,正确的是_____。

(A) int a[][]={1,2,3,4,5,6}；　　　　　(B) int a[2][]={1,2,3,4,5,6}；

(C) int a[][3]={1,2,3,4,5,6}；　　　　(D) int a[2,3]={1,2,3,4,5,6}；

10. 若有定义"int a[3][4]；"，则对数组 a 的元素引用，正确的是＿＿＿＿＿。

(A) a[2][4]　　　　(B) a[1,3]　　　　(C) a[2][0]　　　　(D) a(2)(1)

5.2.2 程序阅读题

1. 以下程序的输出结果是：＿＿＿＿＿。

```
void main()
{   int a[3][3]={{1,3,6},{7,9,11},{14,15,17}},sum1=0,sum2=0,i,j;
    for(i=0;i<3;i++)
        for(j=0;j<3;j++)
            if(i==j) sum1=sum1+a[i][j];
    for(i=0;i<3;i++)
        for(j=0;j<3;j++)
            if(i+j==2)  sum2=sum2+a[i][j];
    printf("sum1=%d,sum2=%d\n",sum1,sum2);
}
```

2. 以下程序的输出结果是：＿＿＿＿＿。

```
void main()
{   int a[3][3]={{1,2},{3,4},{5,6}},i,j,s=0;
    for(i=1;i<3;i++)
        for(j=0;j<i;j++) s+=a[i][j] ;
    printf("%d\n",s);
}
```

3. 以下程序的输出结果是：＿＿＿＿＿。

```
void main()
{   int i, a[10];
    for(i=9;i>=0;i--)
        a[i]=10-i;
    printf("%d%d%d",a[2],a[5],a[8]);
}
```

4. 以下程序的输出结果是：＿＿＿＿＿。

```
void main()
{   int p[7]={11,13,14,15,16,17,18},i=0,k=0;
    while(i<7 && p[i]%2)
    {   k=k+p[i];
        i++;
    }
    printf("%d\n",k);
}
```

5. 以下程序的输出结果是：_____。

```
void main()
{   int f[10]={1,1}, i;
    for(i=2;i<=9;i++)
        f[i]=f[i-2]+f[i-1];
    for(i=0;i<=6;i++)
        printf("%3d",f[i]);
}
```

6. 以下程序的输出结果是：_____。

```
void main()
{   int i;
    int x[3][3]={1,2,3,4,5,6,7,8,9};
    for(i=0;i<3;i++)
    printf("%d ",x[i][2-i]);
}
```

第6章 字 符 串

6.1 本 章 内 容

6.1.1 基本内容

本章主要内容包括：字符数组的定义和使用方法，字符串操作方法，常用字符串处理函数。

6.1.2 学习目标

（1）掌握使用字符数组存储和操作字符串的方法。

（2）理解字符串的存储方式，掌握对字符串元素的逐个访问方法、整体访问方法。

（3）掌握常用标准字符串处理函数，简化对字符串的操作。

6.1.3 习题解析

【例 6-1】 在 C 语言中，存储字符'a'和字符串"a"所占用的字节数分别是_____。

(A) 1字节,1字节   (B) 1字节,2字节

(C) 2字节,1字节   (D) 2字节,2字节

解答：(B)。

分析：'a'为单个字符，存储时为 1 个 ASCII 码，占 1 个字节；"a"是字符串常量，存储时，除存储字符'a'的 ASCII 码外，系统还自动在字符串的末尾添加一个串结束符'\0'，因此"a"在内存中实际占 2 个字节。

【例 6-2】 字符串"\\\"a,0\n"的串长为_____。

(A) 8   (B) 7   (C) 6   (D) 10

解答：(C)。

分析：本题主要应注意字符串中含有转义字符。开头两个反斜杠算一个字符，其后的\"算一个字符（为"），"a"算一个字符，","算一个字符，"0"算一个字符，"\n"算一个字符，因此总共有 6 个字符。

【例 6-3】 以下代码执行的输出结果是_____。

```
void main()
{   char arr[2][4];
    strcpy(arr[0],"you"); strcpy(arr[1],"me");
    arr[0][3]='&';
    printf("%s\n",arr);
}
```

(A) you&me   (B) you   (C) me   (D) you&e

解答：（A）。

分析：定义字符数组 arr 之后，在内存中获得连续分配的 8 个字节，如图 6-1 所示。

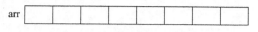

图 6-1　内存中获得 8 个字节

经过调用 strcpy 函数，向数组 arr 的第 1 行．第 2 行分别赋值，其结果如图 6-2 所示。

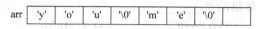

图 6-2　向数组赋值

执行"arr[0][3]='&';"语句后，数组中的存储情况如图 6-3 所示。

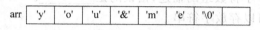

图 6-3　执行语句后的数组存储情况

因此输出为选项（A）。

【例 6-4】　对两个数组 a 和 b 进行如下形式的定义和初始化：

char a[]="ABCDEF"; char b[]={'A','B','C','D','E','F'};

则以下叙述正确的是＿＿＿＿＿＿＿＿。

(A) a 与 b 数组完全相同　　　　　　(B) a 与 b 长度相同
(C) a 和 b 中都存放字符串　　　　　(D) a 数组比 b 数组长度长

解答：（D）。

分析：虽然初始化 a、b 两个数组时数据中包含的字母个数是一样的，但数组 a 用字符串"ABCDEF"初始化，系统自动在串尾添加\0，因此数组 a 的长度为 7 字节，而数组 b 的长度即是字符的个数，为 6 字节。

【例 6-5】　判断字符串 a 和 b 是否相等，应使用＿＿＿＿＿＿＿＿。

(A) if(a==b)　　　　　　　　　　　(B) if(a=b)
(C) if(strcpy(a,b))　　　　　　　　(D) if(strcmp(a,b)==0)

解答：（D）。

分析：C 语言中，两个字符串不能用关系运算符＝＝比较大小，因此选项（A）不正确；在选项（B）的表达式 a=b 中，＝是赋值运算符，首先不能用＝对字符串进行赋值，其次更加不能用＝比较字符串的大小，因此选项（B）不正确；在选项（C）中，strcpy()是字符串复制函数，也不能比较字符串的大小。在选项（D）中，strcmp()函数可以比较两个字符串的大小。当串 a 等于串 b 时，函数返回值为 0；当串 a 小于串 b 时，函数返回负数；当串 a 大于 b 时，函数返回正数。

6.2 专项练习

6.2.1 单项选择题

1. 在 C 语言中, 以_____作为字符串结束标志。

(A) '\n'　　　　　(B) ' '　　　　　(C) '0'　　　　　(D) '\0'

2. 下列属于字符串常量的是_____。

(A) "a"　　　　　(B) {ABC}　　　　　(C) 'abc\0'　　　　　(D) 'a'

3. 设有数组定义"char array [ ]="abcd";",则数组 array 所占的空间为_____。

(A) 4 字节　　　　(B) 5 字节　　　　(C) 6 字节　　　　(D) 7 字节

4. 下述对 C 语言中字符数组的描述,错误的是_____。

(A) 字符数组可以存放字符串

(B) 字符数组中的字符串可以整体输入和输出

(C) 可在赋值语句中通过赋值运算符"="对字符数组整体赋值

(D) 可在字符数组定义时通过赋值运算符"="对字符数组整体初始化

5. 已知"char x[]="hello", y[]={'h','e','a','b','e'};",则关于两个数组长度的正确描述是_____。

(A) 相同　　　　　　　　　　　(B) x 大于 y

(C) x 小于 y　　　　　　　　　(D) 以上答案都不对

6. 已知"char s[20]=" programming", * ps=s;",则不能引用字母'o'的表达式是_____。

(A) ps[2]　　　　　　　　　　(B) s[2]

(C) ps+2　　　　　　　　　　(D) ps+=2, * ps

7. 以下 printf() 函数的输出结果为_____。

printf("%d\n",strlen("school"));

(A) 7　　　　　(B) 6　　　　　(C) 存在语法错误　　　(D) 不定值

8. 以下对字符数组 s 赋值,不正确的是_____。

(A) char s[]="Beijing";　　　　　(B) char s[20]={"beijing"};

(C) char s[20]; s="Beijing";　　　(D) char s[20]={'B','e','i','j','i','n','g'};

9. 下面的初始化,与此初始化 char c[]="I am happy";等价的是_____。

(A) char c[]={'I',' ','a','m',' ','h','a','p','p','y','\0'};

(B) char c[]={'I','am','happy'};

(C) char c[]={'I',' ','a','m',' ','h','a','p','p','y'};

(D) char c[]={'I','am','happy','\0'};

10. 下列赋值方式,不正确的是_____。

(A) char str[20]; str="I am a boy!";

(B) char * str; str="I am a boy!";

(C) char * str="I am a boy!";

(D) char str[20]=" I am a boy!";

11. 判断字符串 s1 的长度是否大于字符串 s2 的长度,应使用_____。

(A) if(s1>s2) (B) if(strcmp(s1,s2))

(C) if(strlen(s1)>strlen(s2)) (D) if(strcat(s1)>strcat(s2))

6.2.2 程序阅读题

1. 以下程序的输出结果是:_____。

```
void main()
{   char ch[7]={"65ab21"};
    int i;
    for(i=0;ch[i]>='0'&&ch[i]<='9';i++)
        printf("%c ",ch[i]);
}
```

2. 以下程序的输出结果是:_____。

```
void main()
{   char a[]={'*','*','*','*','*','*'};
    int i,j,k;
    for(i=0; i<5; i++)
    {   printf("\n");
        for(j=0; j<i; j++) printf("%c",' ');
        for(k=0; k<5; k++) printf("%c",a[k]);
    }
    printf("\n");
}
```

3. 以下程序的输出结果是:_____。

```
void main()
{   char * p[10]={ "abc","aabdfg","dcdbe","abbd","cd"};
    printf("%d\n",strlen(p[4]));
}
```

4. 以下程序的输出结果是:_____。

```
void main()
{   char c='a',t[]="you and me";
    int n,k,j;
    n=strlen(t);
    for(k=0;k<n;k++)
        if(t[k]==c) {j=k;break;}
        else j=-1;
    printf("%d", j);
}
```

5. 以下程序的输出结果是：_____。

```
void main()
{   char str1[20]="China\0USA", str2[20]="Beijing";
    int i, k, num;
    i=strlen(str1); k=strlen(str2);
    num=i<k? i:k;
    printf("%d\n", num);
}
```

第7章 指 针

7.1 本章内容

7.1.1 基本内容

本章主要内容包括：指针的基本概念、指针变量的定义及使用方法、指针与数组的关系、运用指针进行字符串操作。

7.1.2 学习目标

(1) 掌握指针变量的定义方法。
(2) 掌握指针变量的常用运算符：* 和 &。
(3) 掌握运用指针变量访问一维数组的方法。
(4) 掌握运用指针变量访问字符串的方法。

7.1.3 习题解析

【例 7-1】 变量的指针,其含义是指该变量的_____。
(A) 值 　　　　(B) 地址 　　　　(C) 名 　　　　(D) 一个标志
解答：(B)。
分析：变量的指针,其实是指变量在内存中的内存地址。

【例 7-2】 若有定义"int a=5;",则下面对(1)、(2)两个语句的正确解释是_____。
(1) int * p=&a; 　　　(2) * p=a;
(A) 语句(1)和(2)中的 * p 含义相同,都表示给指针变量 p 赋值
(B) 语句(1)和(2)的执行结果,都是把变量 a 的地址值赋给指针变量 p
(C) 语句(1)在对 p 进行说明的同时进行初始化,使 p 指向 a;语句(2)将变量 a 的值赋给指针变量 p
(D) 语句(1)在对 p 进行定义的同时进行初始化,使 p 指向 a;语句(2)将变量 a 的值赋给 * p

解答：(D)。
分析：在语句(1)中,用 int * 来定义变量 p 的类型是"指向整型数据的指针类型",并同时对指针变量 p 进行初始化,将变量 a 的地址赋值给指针变量 p,使 p 指向变量 a。在语句(2)中, * p 表示对指针变量 p 执行 * 运算,即取指针变量 p 所指向的变量,并将变量 a 的值赋给指针变量 p 所指向的变量。因此正确答案为(D)。

【例 7-3】 以下判断正确的是_____。
(A) "char * s="girl";"等价于"char * s; * s="girl";"
(B) "chars[10]={"girl"};"等价于"chars[10];s[10]={"girl"};"

(C) "char * s="girl";"等价于"char * s;s="girl";"

(D) "chars[4]={"boy"},t[4]="boy";"等价于"chars[4]=t[4]={"boy"}"

解答：(C)。

分析：在选项(A)中，语句" * s="girl""将字符串"girl"赋值给 * s 是不正确的，因为 s 是 char 型的指针变量，则 * s 的数据类型是 char 型，即是将一个字符串赋值给一个 char 型变量，这种赋值是不正确的。在选项(B)中，语句"s[10]={"girl"}"将字符串"girl"赋值给 s[10]是不正确的，首先 s[10]表示数组 s 中的一个元素，其次 s[10]的下标 10 超出了数组 s 下标的界限。选项(D)中，语句 chars[4]=t[4]={"boy"}的定义不符合变量初始化的方法。在 C 程序中即使两个变量初始值相同，也应该分别初始化。

【例 7-4】 已知定义"int a[5], * p=a;"，则以下叙述正确的是_____。

(A) p+1 与 a+1 等价　　　　　　　　(B) p[1]与 * p 等价

(C) * (p+1)与 a+1 等价　　　　　　　(D) p[1]与 a++ 等价

解答：(A)。

分析：选项(B)中，p[1]与 * (p+1)等价，为数组 a 中第 2 个元素的值；选项(C)中，由于 p 是指针变量，因此 * (p+1)为数组 a 中第 2 个元素的值，但 a+1 则是第 2 个元素的地址，两者不等价；选项(D)中，a 为数组名，是地址常量，故 a++ 操作是不正确的；因此选项(B)、(C)、(D)均不正确。选项(A)中，p+1 和 a+1 均表示数组 a 中第 2 个元素的内存地址，两者是等价的。

【例 7-5】 以下程序正确的输出结果是_____。

```
char * s="abcde";
s+=2;
printf("%d", s);
```

(A) cde　　　　　　　　　　　　　　(B) 字符'c'

(C) 字符'c'的地址　　　　　　　　　　(D) 无确定的输出结果

解答：(C)。

分析：可以对指针变量进行算术运算，通过语句 s+=2，可令指针变量 s 跳过内存中所指向的两个元素，即指向字符串"abcde"的第 3 个字符 c。由于输出函数 printf()使用的格式就是%d，因此输出指针变量 s 的值，即字符 c 的内存地址。

7.2　专项练习

7.2.1　单项选择题

1. 变量的指针，其含义是指该变量的_____。

　　(A) 值　　　　　　(B) 地址　　　　　(C) 名　　　　(D)一个标志

2. 若 x 是整型变量，pb 是整型的指针变量，则以下正确的赋值表达式是_____。

　　(A) pb=& x　　　(B) pb=x　　　　(C) * pb=& x　　(D) * pb= * x

3. 若有定义"int a, * p=&a;"，则下列语句中错误的是_____。

　　(A) scanf("%d",&a);　　　　　　　(B) scanf("%d",p);

(C) printf("%d",a);　　　　　　　　　(D) printf("%d",p);

4. 对于基类型相同的两个指针变量,不能进行的运算是_____。

(A) <　　　　　　(B) =　　　　　　(C) +　　　　　　(D) -

5. 下列不正确的定义是_____。

(A) int * p=&i,i;　(B) int * p,i;　　(C) int i, * p=&i;　(D) int i, * p;

6. 若有定义"int n=2, * p=&n, * q=p;",则以下非法的赋值语句是_____。

(A) p=q;　　　　　(B) * p= * q;　　　(C) n= * q;　　　　(D) p=n;

7. 若有定义"int a[10];",则_____可对指针变量 p 进行正确定义和初始化。

(A) int p= * a;　　(B) int * p=a;　　(C) int p=&a;　　(D) int * p=&a;

8. 若有定义语句"int a[5], * p=a;",则对数组 a 元素的正确引用是_____。

(A) a[p]　　　　　(B) p[a]　　　　　(C) * (p+2)　　　(D) p+2

9. 若有以下定义,则不能正确引用数组 a 的元素的表达式是_____。

```
int a[10]={1,2,3,4,5,6,7,8,9,10}, * p=a;
```

(A) * p　　　　　　(B)a[10]　　　　　(C) * a　　　　　　(D) a[p-a]

10. 已知"int a[5], * p=a;",下面叙述正确的是_____。

(A) p+1 与 a+1 等价　　　　　　(B) p[1]与 * p 等价

(C) * (p+1)与 a+1 等价　　　　　(D) p[1]与 a++ 等价

11. 若有定义"int a[10]={1,2,3,4,5,6,7,8,9,10}, * p=a;",则以下数值为 4 的表达式是_____。

(A) * p+4　　　　(B) * (p+4)　　　(C) * (p+3)　　　(D) p+3

12. 执行语句"char c[10]={"abcd"}, * pc=c;"后,表达式 * (pc+4)的值是_____。

(A) "abcd"　　　　(B) '\0'　　　　　(C) 'd'　　　　　(D) 不确定

7.2.2　程序阅读题

1. 以下程序的输出结果是:_____。

```
void main()
{   int x[8]={8,7,6,5,0}, * s;
    s=x+3;
    printf("%d ",s[2]);
}
```

2. 以下程序的输出结果是:_____。

```
void main()
{   char a[ ]="language" , * p;
    p=a;
    while( * p!='u')
    {   printf("%c", * p-32); p++;   }
}
```

3. 以下程序的输出结果是：_____。

```
void main()
{   int a[]={2,4,6,8,10};
    int y=1,x, * p;
    p=&a[1];
    for(x=0;x<3;x++)  y+= * (p+x);
    printf("%d\n",y);
}
```

4. 以下程序的输出结果是：_____。

```
void main()
{   int a[]={1,2,3,4,5,6,7,8,9,0}, * p;
    p=a;
    printf("%d\n", * p+1);
}
```

5. 以下程序的输出结果是：_____。

```
void main()
{   char s[]="ABCD", * p;
    for(p=s+1; p<s+4; p++)
        printf("%s\n",p);
}
```

第8章 函 数

8.1 本章内容

8.1.1 基本内容

本章主要内容包括:模块化程序设计方法,函数的基本结构,函数的参数传递规则,函数的返回值,函数原型,函数调用方法及其执行过程,递归程序设计。

8.1.2 学习目标

(1) 理解模块化程序设计方法的应用场景及模块化程序的特点。

(2) 掌握函数的基本结构。

(3) 掌握函数的值传递规则及返回值的方法。

(4) 理解嵌套函数的执行过程,能够编写具有嵌套调用结构的程序。

(5) 理解递归结构程序的执行过程,能够编写含有递归体的程序。

8.1.3 习题解析

【例8-1】 函数调用时,当实参和形参都是简单变量时,它们之间数据传递的过程是_____。

(A) 实参将其地址传递给形参,并释放实参占用的存储单元

(B) 实参将其地址传递给形参,调用结束时形参再将其地址回传给实参

(C) 实参将其值传递给形参,调用结束时形参再将其值回传给实参

(D) 实参将其值传递给形参,调用结束时形参并不将其值回传给实参

解答:(D)。

分析:C语言函数调用时,首先为函数的形参分配存储空间,然后将实参的值复制到形参的存储空间,此时实参的生存期不会结束,不释放实参的存储空间。在函数执行期间,对形参的值的操作都与实参无关。当函数调用结束,形参的存储空间被释放,不会将形参的值回传给实参。

【例8-2】 定义一个void类型的函数,意味着调用该函数时,函数_____。

(A) 通过return返回一个用户所希望的函数值

(B) 返回一个系统默认值

(C) 函数没有返回值

(D) 返回一个不确定的值

解答:(C)。

分析:C语言函数可通过return语句返回一个值。如果函数有用户所希望的返回值,函数的类型应该是其返回值的类型。如果函数的类型为void,表示该函数没有任何返回值。

【例 8-3】 下列关于函数的描述中,错误的是_____。

(A) 在 C 程序中,函数调用可以出现在表达式语句中

(B) 在 C 语言的函数中,实参可以是变量、常量或表达式

(C) C 语言函数的实参和形参必须有相同的名字

(D) C 语言函数返回值的类型,是由 return 语句中表达式的类型决定的

解答:(C)。

分析:在 C 程序中,函数调用可以出现在表达式语句中,例如表达式语句 x＝sin(5)＋10;其中就包含函数调用 sin(5)。C 语言函数调用时,实参可以是变量、常量或者表达式,只要实参有确定的值即可。C 语言函数的值的类型是由 return 语句返回值的类型决定的。因此选项(A)、(B)、(D)的说法都是正确的。C 语言函数的形参可以与实参同名,也可以不同名。即使形参与实参同名,在函数执行时,形参也会单独分配存储空间,在函数内对形参的任何操作都与实参无关,因此选项(C)的说法是错误的。

【例 8-4】 在 C 语言中,表示静态存储类别的关键字是_____。

(A) auto   (B) register   (C) static   (D) extern

解答:(C)。

分析:关键字 auto 表示变量是动态存储类型的,通常函数的局部变量默认都是 auto 类型变量,因此在变量定义时,"int x;"与"auto int x;"是等价的。关键字 register 表示变量是寄存器变量,通常静态存储的变量、全局变量不能被定义为寄存器变量。关键字 static 用于局部变量时,表示局部变量是静态存储的,用关键字 static 可延长局部变量的生存期,即使函数执行结束,静态局部变量的存储空间也不释放。当关键字 static 用于全局变量时,用于限制全局变量的作用域,使全局变量只能被本文件的函数访问,而不能被其他文件中的外部函数访问。关键字 extern 可用来声明外部全局变量、外部函数,通过关键字 extern,全局变量可被不在其作用域内的函数引用。

【例 8-5】 关于函数调用,以下说法错误的是_____。

(A) 函数可以没有返回值

(B) 实参和形参可以同名

(C) 函数间可以通过全局变量共享数据

(D) 主调函数和被调函数总是在同一个源文件里

解答:(D)。

分析:C 语言的函数可以没有返回值,这时函数的类型是 void。实参与形参可以同名,也可以不同名。全局变量可被其作用域内的所有函数使用,即这些函数可通过全局变量实现数据共享。因此选项(A)、(B)、(C)是正确的。C 语言函数可以调用外部函数,即一个函数可以调用定义在另一个文件中的外部函数,因此主调函数和被调函数可能在不同的源文件中。因此选项(D)错误。

8.2 专 项 练 习

8.2.1 单项选择题

1. C 语言中函数返回值的类型是由_____决定的。

（A）函数定义时指定的类型 （B）return 语句中的表达式类型

（C）调用该函数时的实参的数据类型 （D）形参的数据类型

2. 在 C 语言中，函数的类型是指_____。

（A）函数返回值的数据类型 （B）函数形参的数据类型

（C）调用该函数时的实参的数据类型 （D）任意指定的数据类型

3. C 语言规定，简单变量做函数的实参时，它和对应形参之间的数据传递方式为_____。

（A）由系统选择 （B）单向值传递

（C）由用户指定传递方式 （D）地址传递

4. 在函数调用时，以下说法正确的是_____。

（A）函数调用后必须有返回值

（B）实际参数和形式参数可以同名

（C）函数间的数据传递不可以使用全局变量

（D）主调函数和被调函数总是在同一个源文件里

5. 以下对 C 语言函数的相关描述中，正确的是_____。

（A）调用函数时，只能把实参的值传给形参，形参的值不能传给实参

（B）C 语言函数既可以嵌套定义，又可递归调用

（C）C 语言函数必须有返回值，否则不能使用函数

（D）在 C 程序中，有调用关系的所有函数必须放在同一个源文件中

6. 以下对 C 语言函数的描述，正确的是_____。

（A）可以嵌套调用，不可以递归调用 （B）可以嵌套定义

（C）嵌套调用和递归调用均可 （D）不可以嵌套调用

7. 用数组名作为函数调用实参时，传递给形参的是_____。

（A）数组首地址 （B）数组第一个元素的值

（C）数组全部元素的值 （D）数组元素的个数

8. 以下说法中，正确的是_____。

（A）局部变量在一定范围内有效，且可与该范围外的变量同名

（B）如果一个源文件中的全局变量与局部变量同名，则在局部变量范围内，局部变量不起作用

（C）局部变量缺省情况下都是静态变量

（D）函数体内的局部静态变量，在函数体外也有效

9. 在 C 语言中，表示静态存储类别的关键字是_____。

（A）auto （B）register （C）static （D）extern

10. 未指定存储类别的局部变量，其隐含的存储类别为_____。

（A）auto （B）static （C）extern （D）register

11. 在一个源文件中定义的全局变量，其作用域为_____。

（A）本文件的全部范围

（B）本程序的全部范围

（C）本函数的全部范围

（D）从定义该变量的位置开始至本文件结束

8.2.2 程序阅读题

1. 以下程序运行时,如果输入 5、3,则输出的结果是: _____。

```
int a, b;
void swap()
{   int t; t=a; a=b; b=t;   }
void main()
{   scanf("%d,%d", &a, &b);
    swap();
    printf("a=%d,b=%d\n",a,b);
}
```

2. 以下程序的输出结果是: _____。

```
void f(int a, int b)
{   int t; t=a; a=b; b=t;   }
void main()
{   int x=1, y=3, z=2;
    if(x>y) f(x,y);
    else if(y>z) f(x,z);
        else f(x,z);
    printf("%d,%d,%d\n",x,y,z);
}
```

3. 以下程序运行时,如果输入 10,则输出的结果是: _____。

```
int fun(int n)
{   if(n==1) return 1;
    else return(n+fun(n-1));
}
void main()
{   int x;
    scanf("%d", &x);
    x=fun(x);
    printf("%d\n",x);
}
```

4. 以下程序的输出结果是: _____。

```
int fun(int a, int b)
{   if(a>b) return a;
    else return b;
}
void main()
{   int x=3,y=8,z=6,r;
    r=fun(fun(x,y),2*z);
```

```
     printf("%d\n",r);
}
```

5. 以下程序的输出结果是：_____。

```
long fib(int g)
{  switch(g)
   {  case 0: return 0;
      case 1: case 2: return 1;
   }
   return(fib(g-1)+fig(g-2));
}
void main()
{  long k;
   k=fib(7);
   printf("k=%ld\n",k);
}
```

6. 以下程序的输出结果是：_____。

```
int func(int a,int b){ return(a+b);}
void main()
{  int x=2,y=x,z=8,r;
   r=func(func(x,y),func(y,z));
   printf("%d\n",r);
}
```

7. 以下程序的输出结果是：_____。

```
int a, b;
void fun(){  a=100; b=200;  }
void main()
{  int a=100, b=100;
   fun();
   printf("%d%d \n", a,b);
}
```

第9章 数组、函数和指针再探

9.1 本章内容

9.1.1 基本内容

本章主要内容包括：运用指针对一维、多维数组进行访问和操作，动态内存分配操作，运用指针作为函数参数，多级指针使用方法。

9.1.2 学习目标

(1) 掌握用指针访问多维数组的操作方法。
(2) 理解动态内存分配的应用场景，掌握动态内存分配的常用函数操作方法。
(3) 掌握运用指针作为函数参数，实现传值操作的方法。
(4) 理解和掌握多级指针的定义、操作方法。

9.1.3 习题解析

【例 9-1】 如有数组定义"int a[2][3];",则对数组 a 第 i 行第 j 列元素值的正确引用是_____。

(A) *(*(a+i)+j)　　(B) (a+i)[j]　　(C) *(a+i+j)　　(D) *(a+i)+j

解答：(A)。

分析：二维数组 a 的名字是行指针，表示二维数组 a 的第 0 行的起始地址。为访问 a 的某一个元素 a[i][j]，必须首先定位到该元素，再取元素的值。首先通过(a+i)可实现行地址偏移，*(a+i)即表示数组 a 的第 i 行是一个一维数组。通过 *(a+i)+j，实现在数组 a 的第 i 行上偏移 j 列，由此定位到元素 a[i][j]的地址，再通过 *(*(a+i)+j)运算取到 a[i][j]的值。

【例 9-2】 以下能正确进行赋值操作的是_____。

(A) char s[5]={"ABCDE"};
(B) char s[5]={"A","B","C","D","E"};
(C) char * s; s="ABCDE";
(D) char * s;scanf("%s",s);

解答：(C)。

分析：选项(A)中定义字符数组 s 长度为 5，但赋值的字符串"ABCDE"串长为 5，需占 6 字节的存储空间(末尾有一个'\0')，超出了 s 的存储空间大小。选项(B)初始化数组 s 时，每一个元素应该是一个字符，不能是一个字符串。选项(D)中定义了字符指针 s，但并未对 s 初始化，即指针 s 并未指向合法的存储空间，是悬空指针。此时调用 scanf()函数，将输入数据赋值到 s 所指向的存储空间，是不正确的。选项(C)定义了字符指针 s，并将字符串

"ABCDE"的首地址赋值给 s，令指针变量 s 指向字符串常量"ABCDE"，是正确的操作。

【例 9-3】 对语句"int ＊f();"，以下说法正确的是_____。

(A) 标识符 f 代表一个指向整型数据的指针变量

(B) 标识符 f 是一个指向一维数组的行指针变量

(C) 标识符 f 是一个指向函数的指针变量

(D) 标识符 f 是一个指针类型的函数名

解答：(D)。

分析：在本例中，语句"int ＊f();"声明了一个函数的原型，函数名是 f，函数的返回值类型是 int ＊，即整型的指针类型，该函数是无参函数。

9.2 专项练习

9.2.1 单项选择题

1. 若有定义"int a[2][3];"，则能表达对数组 a 第 i 行第 j 列元素的地址的表达式为_____。

  (A) ＊(a[i]＋j)   (B) (a＋i)

  (C) ＊(a＋j)   (D) a[i]＋j

2. 设 p1 和 p2 是指向同一个字符串的指针变量，c 为字符型变量，则以下不能正确执行的赋值语句是_____。

  (A) c＝＊p1＋＊p2;   (B) p2＝c;

  (C) p1＝p2;   (D) c＝＊p1＊(＊p2);

3. 若有以下定义和语句，则对数组 s 的元素的正确引用形式是_____。

```
int s[4][5], (＊ps)[5]; ps=s;
```

  (A) ps＋1   (B) ＊(ps＋3)

  (C) ps[0][2]   (D) ＊(ps＋1)＋3

4. 若有定义"int t[3][2];"，则能正确表示数组 t 的元素地址的表达式是_____。

  (A) ＆t[3][2]   (B) t[3]   (C) t[1]   (D) ＊t[2]

5. 若有以下定义和语句，则表达式 p2－p1 的值是_____。

```
int a[10], ＊p1, ＊p2; p1=a; p2=&a[5];
```

  (A) 5   (B) 6

  (C) 10   (D) 没有指针与指针的减法

6. 对以下程序段，叙述正确的是_____。

```
char s[]={"china"}; char ＊p; p=s;
```

  (A) s 和 p 完全相同

  (B) s 和 p 都是指针变量

  (C) s 数组的长度和 p 所指向的字符串长度相等

  (D) ＊p 与 s[0]相等

7. 以下函数的功能是_____。

```
void fun(int * p1,int * p2);
{ int p; p= * p1; * p1= * p2; * p2=p; }
```

(A) 交换 * p1 和 * p2 的值　　　　(B) 交换 p1 和 p2 的值
(C) 交换 * p1 和 * p2 的地址　　　(D) 该函数有语法错误

9.2.2　程序阅读题

1. 以下程序的输出结果是：_____。

```
void main()
{   char * a[]={"Pascal","C Language","dBase","Java"};
    char( * * p);
    int j;
    p=a+3;
    for(j=3; j>=0; j--) printf("%s\n", * (p--));
}
```

2. 以下程序的输出结果是：_____。

```
void main()
{   int a=2, * p, * * pp;
    pp=&p;
    p=&a;
    a++;
    printf("%d,%d,%d\n",a, * p, * * pp);
}
```

3. 以下程序的输出结果是：_____。

```
void main()
{   char ch[2][5]={"6937","8254"}, * p[2];
    int i,j,s;
    for(i=0;i<2;i++) p[i]=ch[i];
    for(i=0;i<2;i++)
    {   s=0;
        for(j=0;ch[i][j]!='\0';j++) s=s * 10+ch[i][j]-'0';
        printf("%5d",s);
    }
}
```

4. 以下程序运行时,若从键盘输入 6,输出的结果是：_____。

```
void sub(char * a,char b)
{   while( * a<b)
    {   * a= * (a+1);
        a++;
    }
```

```
        *a=b;
}
void main()
{   char s[]="97531",c;
    c=getchar();
    sub(s,c); puts(s);
}
```

5. 以下程序的输出结果是：_____。

```
int fun(char * s)
{   char * p=s;
    while(* p) p++;
    return(p-s);
}
void main()
{   char * a="abcdef";
    printf("%d\n",fun(a));
}
```

第10章 结 构 体

10.1 本 章 内 容

10.1.1 基本内容

本章主要内容包括：结构体类型数据的定义和使用方法，结构体数组的定义及使用方法，结构体类型的指针的定义及使用方法。

10.1.2 学习目标

(1) 掌握结构体类型数据的定义及基本操作方法。
(2) 能够使用成员运算符、指向运算符访问结构体的成员。
(3) 掌握结构体类型指针的定义方法，能够使用结构体类型的指针访问结构体的成员数据。
(4) 掌握结构体数组的定义方法，学会使用结构体类型的指针访问和操作结构体数组。
(5) 理解单链表的存储原理，掌握创建及添加、删除、查询单链表的基本操作方法。

10.1.3 习题解析

【例 10-1】 以下对结构体变量的叙述，错误的是_____。
(A) 相同类型的结构体变量间可以相互赋值
(B) 通过成员运算符，可以引用结构体变量的成员
(C) 结构体变量中的某个成员和与这个成员类型相同的简单变量之间，可以相互赋值
(D) 结构体变量与简单变量间可以赋值
解答：(D)。
分析：使用结构体变量时，可以通过成员运算符分别引用其成员，对成员进行赋值，或使用该成员的值，不能将一个结构体变量整体赋值给简单变量。因此选项(D)错误。

【例 10-2】 以下各选项试图说明一种新的类型名，其中正确的是_____。
(A) typedef v1 int;　　　　　　　　(B) typedef v2＝int;
(C) typedef int v3;　　　　　　　　(D) typedef v4：int;
解答：(C)。
分析：使用关键字 typedef，可以给标识符(包括自定义标识符或关键字)起别名。比如选项(C)，给关键字"int"起别名为"v3"，则在程序代码中可用"v3"代替关键字"int"。

【例 10-3】 以下说明语句，不正确的是_____。

```
struct ex
{ int x; float y; char z; }example;
typedef struct ex EX;
```

（A）EX 是结构体类型名

（B）example 是结构体类型名

（C）x、y、z 都是结构体变量 example 的成员名

（D）struct 是结构体类型的关键字

解答：（B）。

分析：本题声明了结构体类型 ex，其中包括 3 个成员，分别是 x、y、z，在声明的末尾同时定义了结构体变量，即 example，并用 typedef 为结构体类型 ex 起了别名为 EX，因此 EX 是结构体类型名，example 是结构体变量名。故选项（B）错误。

【例 10-4】 下列关于结构体数组的描述，不正确的是 _____。

（A）结构体数组中的每一个元素都是一个结构体

（B）结构体数组中的每一个元素也是一个数组

（C）结构体数组中的每一个元素中可以存放一个数组

（D）结构体数组中的每一个元素的类型必须相同

解答：（B）。

分析：注意"结构体数组'首先是一个'数组"，因此其每一个元素的类型都相同，都是结构类型。同时，每一个元素（即一个结构体）中，其成员可以是数组类型，例如如下定义：

```
struct data{ int a[10]; int b; }; struct data D[100];
```

以上定义的结构体数组 D 中存放着 100 个 struct data 类型的结构体，每个结构体中包含两个成员，其中成员 a 是数组类型。因此选项（A）、（C）、（D）都是正确的。

【例 10-5】 根据以下定义，错误的选项是 _____。

```
struct {int a; char b; } Q, * p=&Q;
```

（A）Q. a　　　　　（B）(* p). b　　　　　（C）p—>a　　　　　（D）* p. b

解答：（D）。

分析：本例定义了结构体变量 Q 和结构体类型的指针变量 p。Q 可以通过成员运算符访问其成员，因此 Q. a 是正确的。变量 p 可以通过指向运算符访问其指向的成员，因此 p—>a 是正确的。由于（* p）是结构体，也可以使用成员运算符，因此（* p). b 是正确的。在选项（D）中，由于运算符" * "与"."的优先级相同，且为右结合，因此" * p. b"等价于" * (p. b)"，由于 p 是指针类型，因此（p. b）的写法是错误的，故选项（D）错误。

10.2　专 项 练 习

10.2.1　单项选择题

1. 对以下语句，选项中叙述不正确的是 _____。

```
struct student{ int num; char name[10]; float score; }stu;
```

（A）struct 是定义结构体类型的关键字

（B）struct student 是用户定义的结构体类型

(C) num、score 都是结构体成员名

(D) stu 是用户定义的结构体类型名

2. 假设 int 型在内存中占 2 个字节,char 型占 1 个字节,单精度浮点型(float 型)占 4 个字节,则对于如下结构体变量 test,sizeof(test)的值是_____。

```
struct{ int i; char c; float a; }test;
```

(A) 4　　　　　　(B) 5　　　　　　(C) 6　　　　　　(D) 7

3. 以下对结构体变量 stu 中的成员 age 的非法引用是_____。

```
struct student{ int age; int num; }stu, *p; p=&stu;
```

(A) stu. age　　　(B) student. age　　(C) p—＞age　　(D) (＊p). age

4. 根据以下定义,下列能输出字母 A 的语句是_____。

```
struct person{char name[9]; int age;};
struct person class[10]={"Tom",17,"John",19,"Susan",18,"Adam",16,};
```

(A) printf("%c\n",class[3]. name);
(B) printf("%c\n",class[3]. name[0]);
(C) printf("%c\n",class[3]. name[1]);
(D) printf("%c\n",class[2]. name[3]);

5. 定义结构体数组存放 100 个学生信息,学生信息包括学号、姓名、成绩。以下定义不正确的是_____。

(A) struct student {int sno; char name[20]; float score; } stu[100];

(B) struct student stu[100] {int sno; char name[20]; float score};

(C) struct{ int sno; char name[20];float score;} stu[100];

(D) struct student{int sno; char name[20]; float score;}; struct student stu[100];

6. 对以下定义,若要使指针变量 p 指向 data 中的成员 a,则下列正确的赋值语句是_____。

```
struck sk{ int a; float b; }data; int *p;
```

(A) p=＆a;　　　　　　　　　　　(B) p=data. a;
(C) p=＆(data. a);　　　　　　　　(D) ＊p=data. a;

10.2.2　程序阅读题

1. 以下程序的输出结果是:_____。

```
struct country
{  int num;
   char name[20];
}x[5]={1, "China", 2, "USA", 3, "France", 4, "England", 5, "Spanish"};
void main()
{   struct country * p;
    p=x+2;
```

```
       printf("%d,%s",p->num,x[0].name);
}
```

2. 以下程序的输出结果是：＿＿＿＿＿＿。

```
struct date { int year; int month; };
struct s
{    struct date birth; char name[20];}x[4]={{2008,8,"hangzhou"},{2009,3,
"Tianjin"}};
void main()
{    printf("%c,%d",x[1].name[1],x[1].birth.year);    }
```

3. 以下程序的输出结果是：＿＿＿＿＿＿。

```
struct KeyWord
{ char Key[20]; int ID; }kw[]={"void",1,"char",2,"int",3,"float",4,"double",5};
void main()
{    printf("%c,%d\n",kw[3].Key[0], kw[3].ID); }
```

4. 以下程序的输出结果是：＿＿＿＿＿＿。

```
struct s { int x; float f; }a[3];
void main()
{    printf("%d",sizeof(a));    }
```

5. 以下程序的输出结果是：＿＿＿＿＿＿。

```
static struct man
{    char name[20]; int age; }person[]={{"LiMing",18},{"WangHua",19},
     {"ZhangPing",20}};
void main()
{    struct man * p, * q;
     int old=0;
     p=person;
     for(; p <person+3; p++)
        if(old<p->age)
        { q=p; old=p->age;}
     printf("%s %d", q->name,q->age);
}
```

第11章 文　　件

11.1　本章内容

11.1.1　基本内容

本章主要内容包括：文件的基本概念，文件的基本操作方法。

11.1.2　学习目标

(1) 理解 C 语言各种类型文件的特点。

(2) 掌握各种常用的文件操作函数，熟练运用常用函数进行文件读、写操作。

11.1.3　习题解析

【例 11-1】　若要打开 D 盘 user 子目录下名为 abc.txt 的文本文件进行读操作，以下符合此要求的函数调用是_____。

(A) fopen("D:\user\abc.txt","a")　　　(B) fopen("D:\\user\\abc.txt","r")

(C) fopen("D:\user\abc.txt","rb")　　　(D) fopen("D:\\user\\abc.txt","w")

解答：(B)。

分析：'\'是用于转义字符的，如果需要在程序代码中使用'\'符号，应写成'\\'。由于本题要求对文件进行读操作，因此 fopen() 函数应使用参数 r，故本题选项(B)。

【例 11-2】　若文件指针 fp 已正确定义并指向某个文件，当没遇到文件结束标志时，函数 feof(fp) 的值为_____。

(A) 0　　　　　　(B) 1　　　　　　(C) −1　　　　　　(D) 一个非 0 值

解答：(A)。

分析：没有读到文件的末尾时，feof(fp) 函数的返回值为 0。如果读到文件的末尾，feof(fp) 函数的返回值为非零。

【例 11-3】　以下代码的功能是_____。

```
void main()
{   FILE * fp;
    char str[]="Beijing 2008";
    fp=fopen("file2","w");
    fputs(str,fp); fclose(fp);
}
```

(A) 在屏幕上显示 Beijing 2008

(B) 把字符串 Beijing 2008 存入 file2 文件中

(C) 在打印机上打印出 Beijing 2008

（D）以上都不对

解答：（B）。

分析：本题的代码首先通过 fopen() 函数打开文件 file2，由于采用参数 w 打开文件，因此可向文件中写入数据。通过 fputs() 函数将函数参数的数据（即 str 字符串）写入文件 file2 中。

11.2 专项练习

11.2.1 单项选择题

1. 在 C 语言中，文件由_____。
   - （A）字符（字节）序列组成
   - （B）记录组成
   - （C）数据行组成
   - （D）数据块组成

2. 下面各函数，能实现打开文件功能的是_____。
   - （A）fopen()
   - （B）fgetc()
   - （C）fputc()
   - （D）fclose()

3. 若文件指针 fp 指向文件的末尾，则函数 feof(fp) 的返回值是_____。
   - （A）0
   - （B）1
   - （C）非 0 值
   - （D）NULL

4. 下列语句中，把变量 fp 定义为一个文件指针的是_____。
   - （A）FILE * fp;
   - （B）FILE fp;
   - （C）file * fp;
   - （D）file fp;

5. 进行文件操作时，"写文件"的一般含义是_____。
   - （A）将磁盘中的信息存入计算机内存
   - （B）将计算机内存中的信息存入磁盘
   - （C）将计算机 CPU 中的信息存入磁盘
   - （D）将磁盘中的信息存入计算机 CPU

6. 以读方式打开一个已有的文本文件 file1，以下 fopen() 函数正确的调用方式是_____。
   - （A）fp=fopen("file1","r");
   - （B）fp=fopen("file1","wb");
   - （C）fp=fopen("file1","rb");
   - （D）fp=fopen("file1","w");

7. 函数调用"fputs(p1,p2);"的功能是_____。
   - （A）从 p1 指向的文件中读一个字符串，存入 p2 指向的内存
   - （B）从 p2 指向的文件中读一个字符串，存入 p1 指向的内存
   - （C）从 p1 指向的内存中读一个字符串，写到 p2 指向的文件中
   - （D）从 p2 指向的内存中读一个字符串，写到 p1 指向的文件中

11.2.2 程序阅读题

1. 以下程序的功能是：_____。

```
void main()
{   FILE * fp; long num=0L;
    if((fp=fopen("fname.txt","r"))==NULL)
    {   printf("Open error\n"); exit(0);   }
    while(!feof(fp))
    {  fgetc(fp); num++;  }
```

```
        printf("num=%1d\n",num-1);
        fclose(fp);
}
```

2. 以下程序的功能是：_____。

```
void main()
{   FILE * myf; long f1;
    myf=fopen("test.dat","rb");
    fseek(myf,0,SEEK_END); f1=ftell(myf);
    fclose(myf);
    printf("%d\n",f1);
}
```

第 12 章 单项选择综合练习

1. 下列可用作 C 语言标识符的一组字符序列是_____。
   - (A) S. b sum average _above
   - (B) class day lotus_1 2day
   - (C) ♯md &12x month student_n!
   - (D) D56 r_1_2 name _st_1

2. C 程序从 main() 函数开始执行,main() 函数应写在_____。
   - (A) 程序文件的开始
   - (B) 程序文件的最后
   - (C) 程序文件的任何位置(除别的函数体内)
   - (D) 它所调用的函数的前面

3. 完成 C 源程序文件从编辑到生成可执行文件,执行的步骤依次为_____。
   - (A) 连接、编译
   - (B) 编译、连接
   - (C) 连接、运行
   - (D) 运行

4. 以下不正确的普通常量是_____。
   - (A) 0
   - (B) 5L
   - (C) 029
   - (D) 9861

5. 以下标识符中,不正确的 C 语言标识符是_____。
   - (A) a3_b3
   - (B) void
   - (C) _123
   - (D) IF

6. C 程序的基本单位是_____。
   - (A) 语句
   - (B) 函数
   - (C) 过程
   - (D) 标识符

7. 以下正确的字符常量是_____。
   - (A) "c"
   - (B) '\'
   - (C) 'W'
   - (D) 'ab'

8. 以下不是 C 语言数据类型关键字的是_____。
   - (A) float
   - (B) signed
   - (C) integer
   - (D) char

9. 以下不是 C 语言基本数据类型的是_____。
   - (A) 逻辑型
   - (B) 整型
   - (C) 字符型
   - (D) 浮点型

10. C 语言中字符型数据在内存中的存储形式是_____。
    - (A) 原码
    - (B) 补码
    - (C) 反码
    - (D) ASCII 码

11. 下列能正确表达关系表达式 a≤x<b 的 C 语言表达式是_____。
    - (A) a<=x<b
    - (B) x>=a&&x<b
    - (C) x>=a||x<b
    - (D) !(x<a&&x>=b)

12. 以下程序的输出结果是_____。

    ```
    void main(){ int x=10,y=3; printf("% d\n",x/y); }
    ```

    - (A) 0
    - (B) 1
    - (C) 3
    - (D) 不确定的值

13. 表达式 sizeof(double) 的值是_____。
    - (A) 16
    - (B) 2
    - (C) 4
    - (D) 8

14. 在 C 语言中,要求运算数必须是整型的运算符是_____。

  (A) %   (B) /   (C) ＋   (D) !

15. 已知"int i＝10;",执行表达式 i||(i=12)后,i 的值是_____。

  (A) 10   (B) 1   (C) 12   (D) 0

16. 设 ch 是 char 型变量,其值为'A',则执行语句"ch=(ch＞='A'&&ch＜='Z')?(ch+32):ch;"后,ch 的值是_____。

  (A) 'A'   (B) 'a'   (C) 'Z'   (D) 'z'

17. 设"int x=1,y=1;",表达式(!x||y－－)的值是_____。

  (A) 0   (B) 1   (C) 2   (D) －1

18. 若 a 为整型变量,其值为 3,则执行表达式 a＋＝a－＝a＊a 后,a 的值是_____。

  (A) －3   (B) 9   (C) －12   (D) 6

19. 以下程序段的输出结果是_____。

```
int k=-3;
if(k<=0) printf("####");
else printf("&&&&");
```

  (A) ＃＃＃＃   (B) ＆＆＆＆

  (C) ＃＃＃＃＆＆＆＆   (D) 有语法错误,无输出结果

20. 设有定义"int a＝1,b＝2,c＝3;",以下语句中执行效果与其他三个不同的是_____。

  (A) if(a＞b) c＝a,a＝b,b＝c;   (B) if(a＞b) {c＝a,a＝b,b＝c;}

  (C) if(a＞b) c＝a;a＝b;b＝c;   (D) if(a＞b) {c＝a;a＝b;b＝c;}

21. C 语言的 if 语句中,用作判断的表达式为_____。

  (A) 关系表达式   (B) 逻辑表达式

  (C) 算术表达式   (D) 任意表达式

22. 下列_____不是结构化程序的三种基本结构之一。

  (A) 顺序结构 (B) 循环结构 (C) 程序结构 (D) 选择结构

23. 若 k 为整型变量,则对以下的 while 循环描述正确的是_____。

```
k=10; while(k=0) k=k-1;
```

  (A) 执行 10 次 (B) 无限循环 (C) 一次也不执行 (D) 执行一次

24. 以下关于循环语句 for、while、do-while 的叙述,正确的是_____。

  (A) 三种循环语句的循环体都必须放入一对花括号中

  (B) 三种循环语句中都可以缺省循环终止条件表达式

  (C) 三种循环语句的循环体都至少被无条件执行一次

  (D) 三种循环语句都可能出现无限循环

25. 当特定问题的循环次数已知时,通常采用_____解决。

  (A) for 循环 (B) while 循环 (C) do-while 循环 (D) switch 语句

26. 对以下程序,正确的描述是_____。

```
x=-1;
```

```
do{x=x*x;}while(!x);
```

    (A) 是死循环   (B) 循环执行两次

    (C) 循环执行一次   (D)有语法错误

27. 在 while(!a)语句中,其中!a 与表达式_____等价。

    (A) a==0   (B) a==1   (C) a!=1   (D) a!=0

28. 已知"int t=0;while(t=1){…};",则以下叙述正确的是_____。

    (A) 循环控制表达式的值为 0   (B) 循环控制表达式的值为 1

    (C) 循环控制表达式不合法   (D) 以上说法都不对

29. 如果在程序中想跳出循环体,应执行_____语句。

    (A) break;   (B) continue;   (C) switch;   (D) return;

30. 若有定义"char A[]="ABCDEF",B[]={'A','B','C','D','E','F'};",则数组 A 和数组 B 的长度分别是_____。

    (A) 7,6   (B) 6,7   (C) 6,6   (D) 7,7

31. 下列对 C 语言字符数组的描述,错误的是_____。

    (A) 字符数组可以存放字符串

    (B) 字符数组中的字符串可以整体输入、输出

    (C) 可以通过赋值运算符"="对字符数组整体赋值

    (D) 不能用关系运算符比较字符串的大小

32. 设"int a[][4]={1,2,3,4,5,6,7,8};",则数组 a 的第一维的大小是_____。

    (A) 2   (B) 3   (C) 4   (D) 无确定值

33. 定义一个一维整型数组,以下表达不正确的是_____。

    (A) int a[4];   (B) int a[4]={1,2,3,4,5};

    (C) int a[4]={1,2,3};   (D) int a[4]={1};

34. 以下对二维数组的定义,正确的是_____。

    (A) int a[][] = {1,2,3,4,5,6};   (B) int a[][3] = {1,2,3,4,5,6};

    (C) int a[2][] = {1,2,3,4,5,6};   (D) int a[2][3] = {1,2,3,4,5,6,7};

35. 假定二维数组定义为"int a[2][3]={{3,4},{2,8,6}};",则元素 a[0][2]的值为_____。

    (A) 4   (B) 0   (C) 2   (D) 6

36. 以下语句不正确的是_____。

    (A) char str[]="string";

    (B) char str[7]={'s','t','r','i','n','g'};

    (C) char str[10]; str="string";

    (D) char str[7]={'s','t','r','i','n','g', '\0'};

37. 对两个数组 a、b 初始化如下,则以下叙述正确的是_____。

```
char a[]="abc";char b[]={'a','b','c'};
```

    (A) a 与 b 数组完全相同   (B) a 与 b 数组长度相同

    (C) a 与 b 中都存放字符串   (D) a 数组比 b 数组长度长

38. 执行下面代码的输出结果是_____。

```
int a[3][3]={{1},{2},{3}};
int b[3][3]={1,2,3};
printf("%d\n",a[1][0]+b[0][0]);
```

   (A) 0   (B) 1   (C) 2   (D) 3

39. 下列对字符数组 s 的赋值,不合法的是_____。

   (A) char s []="Beijing";   (B) char s [20]={"Beijing"};

   (C) char s[20]; s="Beijing";   (D) char s[20]={'B','e','i','j','i','n','g'};

40. 以下程序的输出结果是_____。

```
void main()
{  int j, a[3][3]={1,2,3,4,5,6,7,8,9};
   for(j=0; j<3; j++)
   printf("%d,", a[j][2-j]);
}
```

   (A) 1,5,9   (B) 3, 5, 7   (C) 1, 4, 7   (D) 3, 6, 9

41. 数组定义为"int a[3][2]={1,2,3,4,5,6};",数组元素_____的值为6。

   (A) a[3][2]   (B) a[2][1]   (C) a[1][2]   (D) a[2][3]

42. 下列对字符数组 str 赋初值,str 不能作为字符串使用的是_____。

   (A) char str[]="shanghai"

   (B) char str[10]={'s','h','a','n','g','h','a','i'}

   (C) char str[]={"shanghai"}

   (D) char str[8]={'s','h','a','n','g','h','a','i'}

43. 若有声明"double x=3,c,∗a=&x,∗b=&c;",则下列语句错误的是_____。

   (A) a=&b;   (B) a=&c; b=a;

   (C) b=a;   (D) ∗b=∗a;

44. 假定有声明"char a[30],∗p=a;",则下列能将字符串 This is a C program. 正确保存到数组 a 的语句是_____。

   (A) a[30]="This is a C program.";   (B) a="This is a C program.";

   (C) ∗p="This is a C program.";   (D) strcpy(p,"This is a C program.");

45. 若已定义 x 为 int 类型变量,下列语句中能正确定义指针变量 p 的是_____。

   (A) int p=&x;   (B) int ∗p=x;   (C) int ∗p=&x;   (D) p=x;

46. 下面代码的运行结果是_____。

```
char str[]="abc", ∗p=str;
printf("%d", ∗(p+1));
```

   (A) 98   (B) 字符 b 的地址   (C) 97   (D) 99

47. 若有语句"int a[]={1,2,3,4,5,6}; int ∗p=a;",则下列结果不为 4 的表达式是_____。

   (A) ∗p+3   (B) ∗(p+3)

(C) a[4]　　　　　　　　　　　　　　　(D) ＊(a＋3)

48. 若有语句"int ＊point,a＝4; point＝&a;",则下面代表地址的选项是_____。
　　(A) a　　　　　　(B) ＊point　　　　(C) ＊a　　　　(D) point

49. 若有语句"char s[10], ＊p;",则正确的操作语句是_____。
　　(A) p＝"MBA";　　　　　　　　　　(B) s＋＋;
　　(C) s＝"MBA";　　　　　　　　　　(D) s[]＝"MBA";

50. 若有语句"int a[4],j; for(j＝0;j<4;j＋＋) p[j]＝a＋j;",则标识符 p 正确的定义形式为_____。
　　(A) int p[4];　　(B) int ＊p[4];　　(C) int ＊ ＊p[4];　　(D) int(＊p)[4];

51. 有如下声明和语句,则表达式"＊(＊(pt＋1)＋2)"引用的是_____。

```
int t[3][3], ＊pt[3],k;
for(k=0;k<3;k++) pt[k]=&t[k][0];
```

　　(A) t[2][0]　　　(B) &t[2][0]　　　(C) t[1][2]　　　(D) &t[1][2]

52. 定义语句"int(＊p)[5];"的含义是_____。
　　(A) p 是指针变量,指向一个整型数据
　　(B) p 是一个指向一维数组的指针变量
　　(C) p 是一个函数,并且这个函数用指针变量做函数参数
　　(D) p 是一个指向函数的指针,该函数的返回值是一个整形

53. 若有以下定义和语句,则以下选项中错误的是_____。

```
int a=4,b=3, ＊p, ＊q, ＊w;
p=&a;q=&b;w=q;q=NULL;
```

　　(A) ＊q＝0;　　(B) w＝p;　　　　(C) ＊p＝a;　　　(D) ＊p＝ ＊w;

54. 已知"int good＝1;",若要使表达式"p＝"good"＋good"无语法错误(包括警告),p 应定义为_____。
　　(A) char p;　　　(B) char ＊p;　　　(C) int p;　　　(D) int ＊p;

55. 以下正确运用指针变量的是_____。
　　(A) int ＊i＝NULL; scanf("％d",i);　　(B) float ＊f＝NULL; ＊f＝10.5;
　　(C) char ＊c; char t＝'m'; ＊c＝&t;　　(D) char t＝'m'; char ＊L＝&t;

56. 与定义"int ＊p[4]"等价的是_____。
　　(A) int p[4];　　　　　　　　　　　(B) int ＊p;
　　(C) int ＊(p[4]);　　　　　　　　　(D) int(＊p)[4];

57. 对定义"int a[5][5], ＊b[5],(＊c)[5]＝a;",a、b、c 被分别称为_____。
　　(A) 数组、数组指针、指针数组　　　　(B) 数组、指针数组、指针函数
　　(C) 数组、数组指针、函数指针　　　　(D) 数组、指针数组、数组指针

58. 设"int a[3][2];",能正确表示 a 数组元素地址的是_____。
　　(A) a[1]　　　　(B) a[3]　　　　　(C) ＊a[2]　　　(D) &a[3][2]

59. 下列语句定义 p 为指向 float 类型变量 d 的指针,其中_____是正确的。
　　(A) float d, ＊p＝d;　　　　　　　　(B) float d, ＊p＝&d;

(C) float d,p=d;   (D) float *p=&d,d;

60. 已知有声明"char a[]="It is mine", *p="It is mine";",下列叙述错误的是_____。

    (A) strcpy(a,"yes")和 strcpy(p,"yes")都是正确的

    (B) a="yes"和 p="yes" 都是正确的

    (C) *a 等于 *p

    (D) sizeof(a)不等于 sizeof(p)

61. 若有定义"int x, *pb;",则以下正确的赋值表达式为_____。

    (A) pb=&x   (B) pb=x   (C) *pb=&x   (D) *pb=*x

62. 如以下定义的语句,而且 0≤i<10,则对数组元素的错误引用是_____。

```
int a[]={1,2,3,4,5,6,7,8,9,0}, *p,i; p=a;
```

    (A) *(a+i)   (B) a[p-a]   (C) p+i   (D) *(&a[i])

63. 以下程序运行后,输出结果是_____。

```
void main()
{ char *s="abcdefg";
  s+=5;
  printf("%s\n",s);
}
```

    (A) fg   (B) 字符 f 的 ASCII 码值

    (C) 字符 f 的地址   (D) 出错

64. 设已有声明"int x[]={1,2,3,4,5,6}, *p=&x[2];",则值为 3 的表达式是_____。

    (A) *++p   (B) *(p++)   (C) ++*p   (D) *p+1

65. 若定义了"int *pointer[5];",则下列说法正确的是_____。

    (A) 定义了一个指针数组 pointer

    (B) 定义了一个指向 5 个元素的一维数组的指针变量 pointer

    (C) 定义了 5 个整型变量

    (D) 定义了一个整型数组名为 *pointer,有 5 个元素

66. 变量 s 的定义为 char *s = "hello world!",要使变量 p 指向 s 所指向的同一个字符串,则应选取_____。

    (A) char *p=s;   (B) char *p=&s;

    (C) char *p; p=*s;   (D) char *p;p=&s;

67. 若有声明"int a[5], *b=a, (*c)[3], *d[3];",则以下表达式中有语法错误的是_____。

    (A) a[0]=0   (B) b[0]=0   (C) c[0]=12   (D) d[0]=b

68. 已知有声明"int a[2][3]={0}, *p1=a[1], (*p2)[3]=a;",以下表达式中与 a[1][1]=1 不等价的表达式是_____。

    (A) *(p1+1)=1   (B) p1[1][1]=1

    (C) *(*(p2+1)+1)=1   (D) p2[1][1]=1

69. 函数调用 func((exp1,exp2),(exp3,exp4,exp5))中,所含实参的个数为_____个。

    (A) 1　　　　　　(B) 2　　　　　　(C) 4　　　　　　(D) 5

70. 若用数组名作为函数调用的实参,传递给形参的是_____。

    (A) 数组的首地址　　　　　　　　(B) 数组第一个元素的值

    (C) 数组中全部元素的值　　　　　　(D) 数组元素的个数

71. 以下函数的功能是_____。

```
fun(char * p2, char * p1)
{  while((* p2= * p1)!='\0')
   { p1++;p2++; }
}
```

    (A) 将 p1 所指字符串复制到 p2 所指内存空间

    (B) 将 p1 所指字符串的地址赋给指针 p2

    (C) 对 p1 和 p2 两个指针所指字符串进行比较

    (D) 检查 p1 和 p2 两个指针所指字符串中是否有'\0'

72. 源程序要正确地运行,必须要有_____。

    (A) printf 函数　　　　　　　　(B) 自定义的函数

    (C) main 函数　　　　　　　　　(D) 不需要函数

73. 对以下程序段,下列关于程序段中各变量的属性描述,错误的是_____。

```
static char b=2;
void Y()    { static float d=4;... }
int a=1;
void X()    { int c=3;... }
```

    (A) a 是全局变量,函数 X 可以访问,函数 Y 不能访问

    (B) b 是全局变量,函数 X 和函数 Y 都可以访问

    (C) c 是动态变量,函数 X 可访问,函数 Y 不可访问

    (D) d 是静态变量,函数 X 和函数 Y 都可以访问

74. 以下函数调用语句中,实参的个数为_____。

```
excc((v1,v2),(v3,v4,v5),v6);
```

    (A) 3　　　　　　(B) 4　　　　　　(C) 5　　　　　　(D) 6

75. 对计算某数的阶乘问题,以下说法正确的是_____。

    (A) 可使用自定义函数实现

    (B) 可通过调用库函数 exp()实现

    (C) 可通过调用库函数 strcpy()实现

    (D) 可通过调用库函数 pow()实现

76. 求字符串的长度,以下说法正确的是_____。

    (A) 可通过调用库函数 strlen()实现

    (B) 可通过调用库函数 strcat()实现

(C) 只能通过调用库函数 strlen() 实现

(D) 只能通过调用库函数 strcat() 实现

77. 下列说法正确的是_____。

(A) 函数中一定有 return 语句

(B) 函数通过 return 语句可以返回多个值

(C) 实参与形参的个数必须相同,顺序可以不一样

(D) 实参与形参的类型原则上必须相同

78. 若使用一维数组名做函数实参,则以下正确的说法是_____。

(A) 实参数组类型与形参数组类型可以不匹配

(B) 在被调函数中可以不考虑形参数组的大小

(C) 实参数组名必须与形参数组名一致

(D) 必须在主调函数中定义此数组的大小

79. 以下关于 C 语言程序的说法,正确的是_____。

(A) C 程序必须有 main() 函数

(B) 函数的头部既有形式参数,也有实际参数

(C) 函数不能嵌套调用

(D) 函数不能递归定义

80. C 语言规定,函数的实际参数与对应形式参数间的数据传递方式是_____。

(A) 地址传递

(B) 单向值传递

(C) 由实参传给形参,再由形参传给实参

(D) 由用户指定传递方式

81. 定义函数时,下列不可缺少的是_____。

(A) 函数名之前的数据类型　　　　　　(B) 函数名之后的一对圆括号

(C) 形式参数声明　　　　　　　　　　(D) 函数体中的语句

82. 以下关于 C 语言源程序的叙述,错误的是_____。

(A) 一个 C 语言源程序由若干个函数定义组成,其中必须有且仅有一个名为 main 的函数定义

(B) 函数定义由函数头部和函数体两部分组成

(C) 在一个函数定义的函数体中,允许定义另一个函数

(D) 在一个函数定义的函数体中,允许调用另一个函数或调用函数本身

83. 针对以下代码段,下列给出的 4 个 fun() 函数,首部中错误的是_____。

```
void main(){ int s[]={1,2,3,4,5}; fun(5,s); }
```

(A) void fun(int m,int x[])　　　　　(B) void fun(int s,int h[41])

(C) void fun(int p,int * s)　　　　　(D) void fun(int n,int a)

84. 若有函数调用语句"fun(x1,(x1+x2),(x1,x2));",则该调用语句中含有实参的个数是_____。

(A) 2　　　　　　(B) 3　　　　　　(C) 5　　　　(D) 语法错

85. 在 C 语言中,函数的类型是指_____。
    (A) 函数返回值的数据类型　　　　　(B) 函数形参的数据类型
    (C) 调用该函数时,实参的数据类型　(D) 任意指定的数据类型

86. 下列说法正确的是_____。
    (A) main()函数一定没有形式参数
    (B) 局部变量和全局变量其实是一回事
    (C) return 语句可用于 while 循环结构
    (D) 函数参数的传递一定是单向值传递

87. 已知有函数定义"int fun() { return (3,4); }",则调用 fun 后的函数返回值是_____。
    (A) 3　　　　　(B) 4　　　　　(C) 3 和 4　　　　　(D) 程序出错

88. 在使用库函数时,要用_____。
    (A) #include 命令　　　　　(B) #define 命令
    (C) #if　　　　　　　　　　(D) #else

89. 以下正确的函数首部是_____。
    (A) double fun(int x, int y)　　　(B) double fun(int x; int y)
    (C) double fun(int x, int y);　　 (D) double fun(int x, y)

90. 若调用一个函数,且此函数中没有 return 语句,则正确的说法是_____。
    (A) 没有返回值　　　　　　　　　(B) 返回若干个系统默认值
    (C) 能返回一个用户所希望的值　　 (D) 返回一个不确定的值

91. 有如下函数定义,若以下选项中的变量都已正确定义并赋值,则对函数 fun() 的正确调用是_____。

    void fun(int n, double x) {...}

    (A) fun(int y, double m);　　　　(B) k=fun(10,12.5);
    (C) fun(x,n);　　　　　　　　　 (D) void fun(n,x);

92. 以下选项均为 fun() 函数定义的首部,其中错误的是_____。
    (A) int fun(int x, int y[])　　　(B) int fun(int x, int y[x])
    (C) int fun(int x, int y[3])　　 (D) int fun(int x, int * y)

93. 若已定义一个有返回值的函数,则以下关于调用该函数的叙述,错误的是_____。
    (A) 函数调用可以作为独立的语句存在
    (B) 函数调用可以出现在表达式中
    (C) 函数调用可以作为一个实际参数
    (D) 函数调用可以作为一个形式参数

94. 定义函数时如果缺省函数的类型声明,则函数类型的缺省类型是_____。
    (A) void　　　　(B) char　　　　(C) float　　　　(D) int

95. 如果在一个函数中的复合语句中定义了一个变量,则该变量_____。
    (A) 只在该复合语句中有效　　　　(B) 在该函数中有效

（C）在本程序范围内均有效　　　　　　（D）为非法变量

96. 以下说法正确的是_____。

　　（A）函数的类型应与其实际返回值类型完全一致，或两者之间存在隐式转换

　　（B）定义函数时，形参的类型定义可以放在函数体内

　　（C）return 后边的值不能为表达式

　　（D）不加类型声明的函数，一律按 void 来处理

97. 对语句 int ＊swap（），以下描述正确的是_____。

　　（A）声明了一个返回整型值的函数 swap（）

　　（B）声明了一个返回整型指针的函数 swap（）

　　（C）声明了一个函数指针

　　（D）以上说法均错

98. 已知有如下结构体类型声明和变量定义，则以下对 data[0]的成员 a 的引用，错误的是_____。

```
struct sk{int a;float b;}data[2],＊p;
p= data;
```

　　（A）data[0]－＞a　　　　（B）data－＞a　　　　（C）p－＞a　　　　（D）（＊p）.a

99. 在单链表中，若删除指针 p 所指结点的直接后继结点，应执行_____。

　　（A）q＝p－＞next；p－＞next＝q－＞next；free(q)；

　　（B）p＝p－＞next；p－＞next＝p－＞next－＞next；

　　（C）p－＞next＝ p－＞next；free(p)；

　　（D）p＝ p－＞next －＞next；free(p)；

100. 对以下说明语句，下面叙述中不正确的是_____。

```
struct ex{ int x; float y; char z;} example;
```

　　（A）struct 是结构体类型的关键字　　　　（B）example 是结构体类型名

　　（C）x、y、z 都是结构体成员名　　　　　　（D）struct ex 是结构体类型

101. 对以下的结构类型定义和变量声明，下列选项错误的是_____。

```
struct student
{ int num; char name[10]; }stu={1,"marry"},＊p=&stu;
```

　　（A）printf("％d",stu. num)；　　　　　　（B）printf("％d",(&stu)－＞num)；

　　（C）printf("％d",&stu－＞num)；　　　　　（D）printf("％d",p－＞num)；

102. 对以下结构体定义及变量声明，下列表达式错误的是_____。

```
struct produce{ char code[5]; float price; }y[4]={"100",100};
```

　　（A）（＊y）.code[0]='2'；　　　　　　　　（B）y[0].code[0]='2'；

　　（C）y－＞price＝10；　　　　　　　　　　（D）（＊y）－＞price＝10；

103. 以下对结构体类型变量 td1 的声明中，错误的是_____。

　　（A）typedef struct aa{ int n; float m; }AA;

　　　　　　AA td1；

（C）struct{ int n; float m; } aa;

　　struct aa tdl;

（D）struct { int n; float m; } tdl;

104. 对以下结构体类型的定义和变量声明,下列选项正确的是_____。

```
struct person
{ int num;
  char name[20];
  char sex;
  struct {int class;char prof[20];}in;
}a={20,"li ning",'M'{5,"computer"}}, * p=&a;
```

（A）printf("％s",a—＞name); 　　（B）printf("％s",p—＞in. prof);

（C）printf("％s", * p. name); 　　（D）printf("％c",p—＞in—＞prof);

105. 假定建立了单链表结构,并令指针 p 指向指针 q 的前一个结点,则以下可以将 q 所指结点从链表中删除,并释放该结点的语句组是_____。

（A）free(q); p—＞next＝q—＞next;

（B）(* p). next＝(* q). next; free(q);

（C）q＝(* q). next; (* p). next＝q; free(q);

（D）q＝q—＞next; p—＞next＝q; p＝p—＞next; free(p);

106. 若 fp 是指向某文件的指针,且已读到该文件的末尾,则表达式 feof(fp)的返回值是_____。

（A）EOF 　　（B）－1 　　（C）非 0 值 　　（D）NULL

107. 以下可将文件指针 fp 重新指向文件开头的表达式是_____。

（A）feof(fp) 　　（B）rewind(fp) 　　（C）fseek(fp) 　　（D）ftell(fp)

108. 在 C 语言中,数据文件的存取方式为_____。

（A）只能顺序存取 　　　　　　（B）只能随机存取(也叫直接存取)

（C）可以顺序存取和随机存取 　　（D）只能从文件的开头进行存取

109. 已知 D 盘根目录下一个文本文件 data. txt 中存储了 100 个整型数据,并有定义 FILE * fp;若需修改该文件中的若干个数据值,只能调用一次 fopen()函数,则 fopen()函数的正确调用形式是_____。

（A）fp＝fopen("D:\\ data. txt","r＋");

（B）fp＝fopen("D:\\ data. txt","w＋");

（C）fp＝fopen("D:\\ data. txt","a＋");

（D）fp＝fopen("D:\\ data. txt","w");

110. 已知有语句"FILE * fp; int x＝123; fp＝fopen("out. dat","w");",如需将变量 x 的值以文本形式保存到磁盘文件 out. dat 中,则以下调用正确的是_____。

（A）fprintf("％d",x); 　　　　（B）fprintf(fp,"％d",x);

（C）fprintf("％d",x,fp); 　　　（D）fprintf("out. dat","％d",x);

111. 若用 fopen() 函数打开一个已存在的文件,保留该文件的原有数据,且可以读也可以写,则文件打开方式是_____。

    (A) "r+"   (B) "w+"   (C) "a+"   (D) "a"

112. 当已存在一个 t. txt 文件,则执行函数 fopen("t. txt","r+")的功能是_____。

    (A) 打开 t. txt 文件,清除原有内容

    (B) 打开 t. txt 文件,只能写入新的内容

    (C) 打开 t. txt 文件,只能读取原有的内容

    (D) 打开 t. txt 文件,可以读取和写入新的内容

第 13 章　程序阅读综合练习

1. 以下程序的输出结果是：_____。

```
void main()
{   int x=10;
    {
        int x=20;a
        printf("%d,", x);
    }
    printf("%d\n", x);
}
```

2. 以下程序的输出结果是：_____。

```
void main()
{
    int x=10, y=10;
    printf("%d %d\n", x--,--y);
}
```

3. 以下程序的输出结果是：_____。

```
int a=10,b=50,c=30;
if(a>b)
a=b;b=c;c=a;
printf("a=%d b=%d c=%d\n",a,b,c);
```

4. 以下程序的输出结果是：_____。

```
void main()
{   int a=0,b=1,c=0,d=20;
    if(a) d=d-10;
    else if(!b)
    if(!c) d=15;
    else d=25;
    printf("d=%d\n",d);
}
```

5. 以下程序的输出结果是：_____。

```
void main()
{   int a=1,b=0;
    switch(a)
    {   case 1: switch(b)
        {
```

```
        case 0: printf("**0**"); break;
        case 1: printf("**1**"); break;
    }
    case 2: printf("**2**"); break;
    }
}
```

6. 以下程序的输出结果是：_____。

```
void main()
{   char * s="12134211";
    int v1=0,v2=0,v3=0,v4=0,k;
    for(k=0;s[k];k++)
    switch(s[k])
    {   case '1': v1++;
        case '3': v3++;
        case '2': v2++;
        default: v4++;
    }
    printf("v1=%d, v2=%d, v3=%d, v4=%d\n",v1,v2,v3,v4);
}
```

7. 以下程序的输出结果是：_____。

```
void main()
{
    int x=1,y=0,a=0,b=0;
    switch(x)
    {   case 1: switch(y)
        {
            case 0: a++;break;
            case 1: b++;break;
        }
        case 2: a++;b++;break;
    }
    printf("a=%d,b=%d\n",a,b);
}
```

8. 以下程序的输出结果是：_____。

```
void main()
{   int num=0;
    while(num<=2)
    {
        num++;
        printf("%d\n",num);
    }
}
```

9. 以下程序的输出结果是：＿＿＿＿＿＿。

```
void main()
{   int a=1,b=0;
    do
    {
        switch(a)
        {
            case 1: b=1;break;
            case 2: b=2;break;
            default : b=0;
        }
        b=a+b;
    }while(!b);
    printf("a=%d,b=%d",a,b);
}
```

10. 从键盘上输入 446755 时，以下程序的输出结果是：＿＿＿＿＿＿。

```
void main()
{   int c;
    while((c=getchar())!='\n')
    switch(c - '2')
    {
        case 0:
        case 1: putchar(c+4);
        case 2: putchar(c+4);break;
        case 3: putchar(c+3);
        default: putchar(c+2);break;
    }
    printf("\n");
}
```

11. 以下程序的输出结果是：＿＿＿＿＿＿。

```
void main()
{   k=0;
    char c='A';
    do
    {
        switch(c++)
        {
            case 'A': k++;break;
            case 'B': k--;
            case 'C': k+=2;break;
            case 'D': k=k%2;contiue;
            case 'E': k=k+10;break;
```

```
        default: k=k/3;
        }
        k++;
    }while(c<'C');
    printf("k=%d\n",k);
}
```

12. 以下程序的输出结果是：_____。

```
void main()
{   int x,i;
    for(i=1;i<=100;i++)
    {
        x=i;
        if(++x%2==0)
        if(++x%3==0)
        if(++x%7==0)
        printf("%d ",x);
    }
}
```

13. 以下程序的输出结果是：_____。

```
void main()
{   int i,k,a[10],p[3];
    k=5;
    for(i=0;i<10;i++)
    a[i]=i;
    for(i=0;i<3;i++)
    p[i]=a[i*(i+1)];
    for(i=0;i<3;i++)
    k+=p[i]*2;
    printf("%d\n",k);
}
```

14. 假定从键盘上输入 3.6,2.4<回车>，以下程序的输出结果是：_____。

```
void main()
{   float x,y,z;
    scanf("%f,%f",&x,&y);
    z=x/y;
    while(1)
    {
        if(fabs(z)>1.0)
        {
        x=y;
        y=z;
        z=x/y;
```

```
        }
    else break;
    }
    printf("%f\n",y);
}
```

15. 以下程序的输出结果是：_____。

```
void main()
{   int i,j,x=0;
    for(i=0;i<2;i++)
    {
        x++;
        for(j=0;j<-3;j++)
        {
            if(j%2)
            continue;
            x++;
        }
        x++;
    }
    printf("x=%d\n",x);
}
```

16. 以下程序的输出结果是：_____。

```
void main()
{   int n[3][3], i, j;
    for(i=0;i<3;i++)
        for(j=0;j<3;j++)
            n[i][j]=i+j;
    for(i=0;i<2;i++)
        for(j=0;j<2;j++)
            n[i+1][j+1]+=n[i][j];
    printf("%d\n", n[i][j]);
}
```

17. 以下程序的输出结果是：_____。

```
void main()
{   int a[4][5]={1,2,4,-4,5,-9,3,6,-3,2,7,8,4};
    int i,j,n;
    n=9;
    i=n/5;
    j=n-i*5-1;
    printf("a[%d][%d]=%d\n", i,j,a[i][j]);
}
```

18. 以下程序的输出结果是：_____。

```
int m[3][3]={ {1}, {2}, {3} };
int n[3][3]={ 1, 2, 3 };
void main()
{   printf("%d\n", m[1][0]+n[0][0]);
    printf("%d\n", m[0][1]+n[1][0]);
}
```

19. 以下程序的输出结果是：_____。

```
void main()
{   char s1[50]={"some string * "},s2[]={"test"};
    printf("%s\n", strcat(s1,s2));
}
```

20. 以下程序的输出结果是：_____。

```
f(char * s)
{   char * p=s;
    while(* p!='\0')
    p++;
    return(p-s);
}
void main()
{   printf("%d\n",f("ABCDEF"));
}
```

21. 以下程序的输出结果是：_____。

```
void main()
{   char str[100]="How do you do";
    strcpy(str+strlen(str)/2, "es she");
    printf("%s\n", str);
}
```

22. 以下程序的输出结果是：_____。

```
func(int a,int b)
{   int c;
    c=a+b;
    return(c);
}
void main()
{
    int x=6,y=7,z=8,r;
    r=func((x--,y++,x+y),z--);
    printf("%d\n",r);
}
```

23. 以下程序的输出结果是：＿＿＿＿＿＿＿。

```
void fun(int * s)
{   static int j=0;
    do
    {
        s[j]+=s[j+1];
    }while(++j<2);
}
void main()
{   int k,a[10]={1,2,3,4,5};
    for(k=1;k<3;k++)
    fun(a);
    for(k=0;k<5;k++)
    printf("%d",a[k]);
}
```

24. 以下程序的输出结果是：＿＿＿＿＿＿＿。

```
void int k=1;
void main()
{   int i=4;
    fun(i);
    printf("\n%d,%d",i,k);
}
fun(int m)
{   m+=k;k+=m;
    {   char k='B';
        printf("\n%d",k-'A');
    }
    printf("\n%d,%d",m,k);
}
```

25. 以下程序的输出结果是：＿＿＿＿＿＿＿。

```
void fun(int n, int * s)
{   int f1, f2;
    if(n==1||n==2)
        * s=1;
    else
    {
        fun(n-1, &f1);
        fun(n-2, &f2);
        * s=f1+f2;
    }
}
void main()
```

```
{   int x;
    fun(6, &x);
    printf("%d\n", x);
}
```

26. 以下程序的输出结果是：_____。

```
int w=3;
void main()
{   int w=10;
    printf("%d\n",fun(5) * w);
}
int fun(int k)
{   if(k==0) return(w);
    return(fun(k-1) * k);
}
```

27. 以下程序的输出结果是：_____。

```
int funa(int a)
{   int b=0;
    static int c=3;
    a=c++,b++;
    return(a);
}
void main()
{   int a=2,i,k;
    for(i=0;i<2;i++)
    k=funa(a++);
    printf("%d\n",k);
}
```

28. 以下程序的输出结果是：_____。

```
void num()
{   extern int x,y;
    int a=15,b=10;
    x=a-b;
    y=a+b;
}
int x,y;
void main()
{   int a=7,b=5;
    x=a-b;
    y=a+b;
    num();
    printf("%d,%d\n",x,y);
}
```

29. 以下程序的输出结果是：_____。

```c
void main()
{   int a=2,i;
    for(i=0;i<3;i++)
    printf("%4d",f(a));
}
int f(int a)
{   int b=0;
    static int c=3;
    b++;
    c++;
    return(a+b+c);
}
```

30. 以下程序的输出结果是：_____。

```c
int t()
{   static int x=3;
    x++;
    return(x);
}
void main()
{   int i, x;
    for(i=0; i<=2; i++)
    x=t();
    printf("%d\n", x);
}
```

31. 以下程序的输出结果是：_____。

```c
#define SUB(X,Y) (X) * Y
void main()
{   int a=3,b=4;
    printf("%d\n",SUB(a++,b++));
}
```

32. 以下程序的输出结果是：_____。

```c
void main()
{   int a[]={1,2,3,4,5,6};
    int * p;
    p=a;
    printf("%d ", * p);
    printf("%d ", * (++p));
    printf("%d ", * ++p);
    printf("%d ", * (p--));
    p+=3;
```

```
    printf("%d %d ", * p, * (a+3));
}
```

33. 以下程序的输出结果是：＿＿＿＿＿＿。

```
void main()
{   int a[3][4]={1,2,3,4,5,6,7,8,9,10,11,12};
    int * p=a[0];
    p+=6;
    printf("%d ", * p);
    printf("%d ", * (* (a+2)));
    printf("%d ", * (a[1]+2));
    printf("%d", * (&a[0][0]+6));
}
```

34. 以下程序的输出结果是：＿＿＿＿＿＿。

```
#define FMT "%X\n"
void main()
{
    static int a[ ][4]={ 1,2,3,4,5,6,7,8,9,10,11,12 };
    printf(FMT, a[2][2]);
    printf(FMT, * (* (a+1)+1));
}
```

35. 以下程序的输出结果是：＿＿＿＿＿＿。

```
void main()
{   int a[]={1, 2, 3, 4, 5};
    int x, y, * p;
    p=&a[0];
    x= * (p+2);
    y= * (p+4);
    printf("%d,%d,%d\n", * p, x, y);
}
```

36. 以下程序的输出结果是：＿＿＿＿＿＿。

```
void fun(char * w, int n)
{   char t, * s1, * s2;
    s1=w; s2=w+n-1;
    while(s1<s2)
    {   t= * s1;
        * s1= * s2;
        * s2=t;
        s1++;
        s2--;
    }
}
```

```
void main()
{   static char * p="1234567";
    fun(p,strlen(p));
    printf("%s",p);
}
```

37. 以下程序的输出结果是：_____。

```
char * p="abcdefghijklmnopq";
void main()
{   int i=0;
    while(*p++!='e');
    printf("%c\n", * p);
}
```

38. 以下程序的输出结果是：_____。

```
int f(int x, int y)
{   return(y-x);    }
void main()
{   int a=5, b=6, c;
    int f(), (* g)()=f;
    printf("%d\n", (* g)(a,b));
}
```

39. 以下程序的输出结果是：_____。

```
void main()
{   int a=1, * p, * * pp;
    pp=&p;
    p=&a;
    a++;
    printf("%d,%d,%d\n", a, * p, **pp);
}
```

40. 以下程序的输出结果是：_____。

```
void main()
{
    char * alpha[7]={"ABCD","EFGH","IJKL","MNOP","QRST","UVWX","YZ"};
    char **p;
    int i;
    p=alpha;
    for(i=0;i<4;i++)
    printf("%c", * (p[i]));
    printf("\n");
}
```

41. 以下程序的输出结果是：_____。

```
void main()
{   printf("%d\n", EOF);   }
```

42. 以下程序的输出结果是：_____。

```
void main()
{   int m[10]={0,1,2,3,4,5,6,7,8,9}, * p=m;
    p=p+4;
    printf("%d ", * ++p);
}
```

43. 有以下程序，执行后的输出结果是：_____。

```
void main()
{
    char * alpha[6]={ "ABCD","EFGH","IJKL","MNOP","QRST","UVWX"};
    char **p; int i; p=alpha;
    for(i=0;i<4;i++)
        printf("%s",p[i]);
    printf("\n");
}
```

44. 以下程序的输出结果是：_____。

```
struct abc{int a, b, c;};
void main()
{
    struct abc s[2]={{1,2,3},{4,5,6}};
    int t;
    t=s[0].a+s[1].b;
    printf("%d\n",t);
}
```

中篇 实验指南

第1章 实验目标

程序设计基础课程开设的目的是帮助学生建立结构化程序设计的基本思想,掌握计算机解题的一般性思路,培养学生熟练编写、调试、测试程序的技能,使学生在尽可能短的时间里解决程序设计入门的问题,为后继课程打下坚实的编程基础。

实验课是本门课程的重要环节。实验内容以验证性实验和设计性实验相结合为主,以综合性实验为辅。在实验过程中,学生应使用 C 语言独立进行程序的编写、调试。实验预期达到如下目标。

(1) 熟练掌握 C 语言的语法要素,通过大量的验证性实验,巩固理论课学习的知识点。

(2) 熟悉在 Visual Studio 2017 环境下进行 C 程序编写、调试、运行的流程,为后续学习 C++ 和 Windows 程序设计奠定基础。

(3) 熟悉高级语言程序设计中程序的编写、编译、连接、运行的全过程,掌握程序调试的基本步骤,通过实验积累程序调试的经验。

(4) 熟练运用结构化程序设计思想解题的一般性方法设计和编写具有复杂控制结构的程序,以加深对结构化程序设计思想的理解。

(5) 初步建立算法的概念,通过设计性和综合性实验培养初步的算法设计、分析的能力。

(6) 学习根据错误提示合理选择测试数据及分析运行结果,发现并排除程序中的语法错误、逻辑错误及算法错误,建立初步的软件测试观念。

第 2 章 实 验 要 求

学生在实验前应做好上机的各项准备,根据教师的安排进行上机实验。具体要求如下。

(1) 根据本实验指南提前做上机预习。学生应携带准备好的源程序上机。程序可以是由教师布置安排的题目或自选题目。编写的程序应书写整齐,并经人工检查无误,以提高上机效率。对程序中有疑问的地方,建议学生做出标注,以便在上机时给予注意。

(2) 学生应携带教材及其他相关的参考资料上机。

(3) 调试程序的过程,原则上应独立完成,以培养学生独立思维的能力。对上机中出现的问题,一般应查阅资料,或与教师、同学展开讨论,并由学生独立完成问题的处理。

(4) 对常见的"出错信息",应尽快熟悉其含义,以便能快速排除常见语法错误,将上机实验的注意力,逐步从排查语法错误转到排查逻辑及算法错误上来。

(5) 在程序调试通过后,应做好程序清单和运行结果的记录。实验结束后,学生应编写实验报告。实验报告内容主要包括:①实验时间;②实验内容;③程序清单;④程序运行结果及主要问题分析、总结。

(6) 可携带笔记本电脑上机,或直接使用实验室的计算机。上机过程中严格遵守实验室纪律,养成良好的上机习惯。

第 3 章　　C 语言的运行环境

　　目前,可以运行和调试 C 语言的环境有很多,比如传统的 Turbo C 环境、Borland C 环境,以及后来的 Microsoft Visual C++ 等。由于 Visual Studio 2017 提供了较好的编辑、编译和调试环境,另外,在程序设计基础的后续课程学习中也会使用该平台,因此,为更好地与后续课程接轨,本书采用 Visual Studio 2017 环境进行 C 语言程序的编译、调试和运行。

3.1　启动 Visual Studio 2017

　　启动 Visual Studio 2017(以下简称 VS 2017),出现图 3.1 所示的集成开发环境窗口。

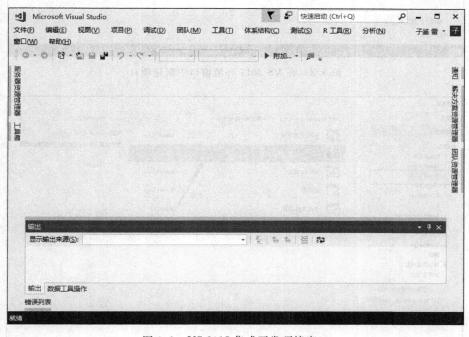

图 3.1　VS 2017 集成开发环境窗口

3.2　建 立 工 程

　　建立一个 VS 2017 工程(Project)的步骤如下。

　　(1) 在 VS 2017 环境窗口中选择菜单项"文件"|"新建"|"项目",如图 3.2 所示。

　　(2) 此时需要设置合适的工程类型。由于程序设计基础课程主要是算法程序,所以选择 Win32 控制台应用程序类型的工程即可。

　　① 在弹出的"新建项目"对话框左侧选择"Visual C++"分类,如图 3.3 左边方框所示。

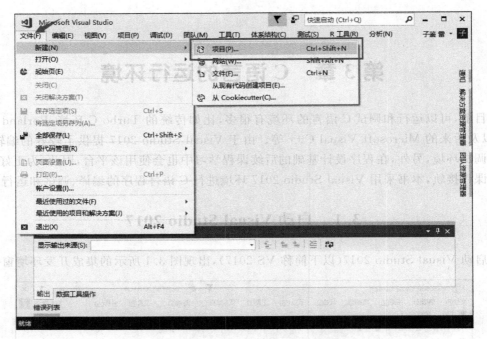

图 3.2　在 VS 2017 环境窗口中新建项目

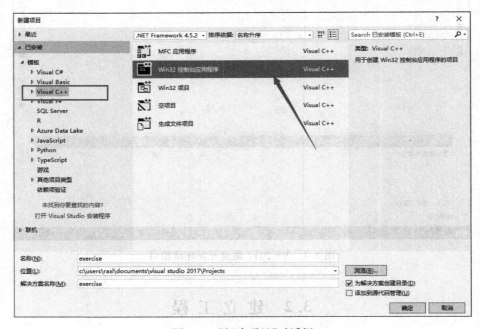

图 3.3　"新建项目"对话框

② 然后选择"Win 32 控制台应用程序"(箭头所指)。

③ 在窗体下方"名称"文本框处输入工程的名字。如图 3.3 的工程名为 exercise。同时,可选择将工程建立在磁盘的指定位置,只需在窗体下方的"位置"处进行设定,可通过"浏览"按钮进行定位。

④ 单击"确定"按钮。

（3）弹出图 3.4 所示的"Win32 应用程序向导"对话框，单击"下一步"按钮。

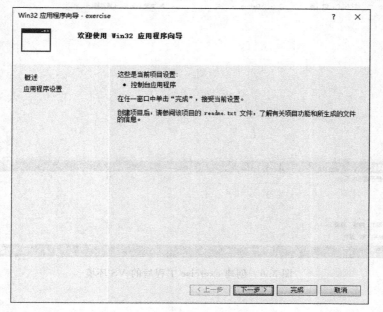

图 3.4 "应用程序向导"对话框

（4）在弹出的"Win32 应用程序向导"对话框中勾选"附加选项"中的"空项目"，如图 3.5 所示。单击"完成"按钮，出现图 3.6 所示界面。

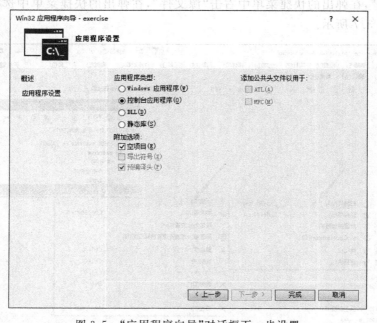

图 3.5 "应用程序向导"对话框下一步设置

• 73 •

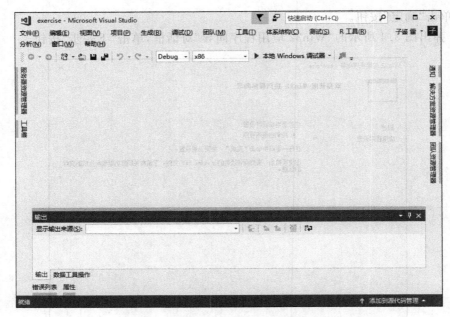

图 3.6　创建 exercise 工程后的 VS 环境

3.3　向已有工程中加入新文件

如果希望在上面已建的工程 exercise 中新建一个文件,可单击窗口右侧边栏的"解决方案资源管理器",在弹出的快捷菜单中右击"源文件",在弹出的快捷菜单中选择"添加"|"新建项…",如图 3.7 所示。

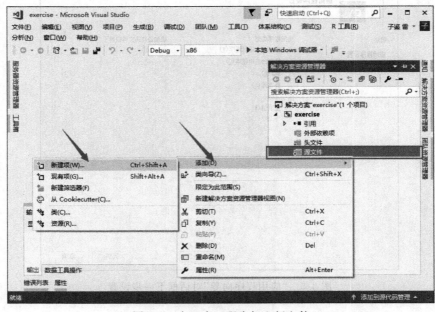

图 3.7　向已有工程中加入新文件

在弹出的"添加新项"对话框中选择 C++ 文件,并在窗口下方"名称"文本框处输入文件名。同样可以设置新建文件的存放位置,只需设置"位置"即可。如图 3.8 所示,新建的文件名称为 exercise.cpp。

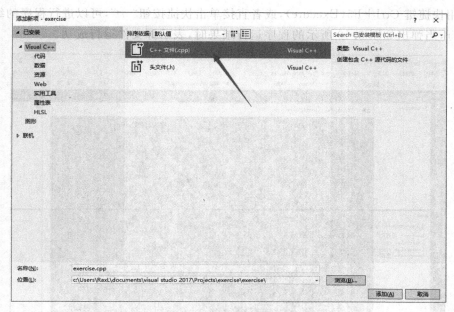

图 3.8 "添加新项"对话框

单击"添加"按钮,即可创建一个 C++ 源文件。此时,编辑桌面会出现新建源文件的编辑窗口。窗口顶部显示源文件名 exercise.cpp。在编辑窗口中输入源代码即可,如图 3.9 所示。

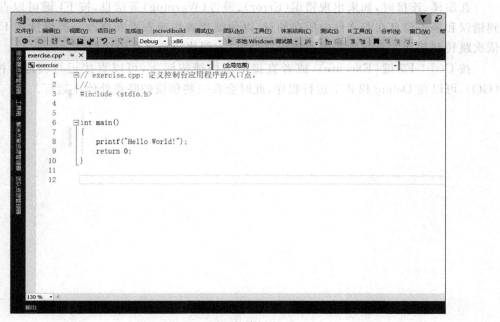

图 3.9 源文件编辑窗口

3.4 编译、连接和运行程序

使用快捷键 Ctrl＋F5(Execute)，或者直接单击快捷按钮"！"，可以进行程序的编译、连接和运行，当弹出如图 3.10 所示的程序运行结果时，表示源文件运行成功。

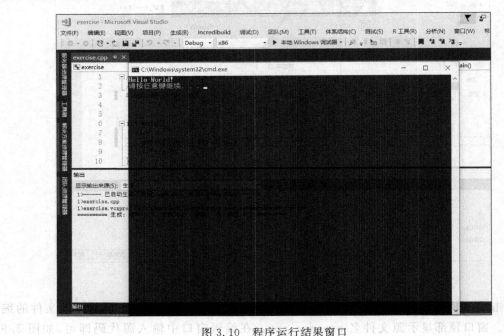

图 3.10 程序运行结果窗口

在编译、连接时，如果出现错误(Error)、警告(Warning)等信息，按 F4 键可以直接跳转到错误和警告信息在源文件中所在的行，以便编程者快速查看和修改。若继续按 F4 键，可依次跳转到相邻的下一个警告或错误之处，以方便快捷地进行程序调试。

按 Ctrl＋F5 键(Execute)，或者直接单击快捷按钮 ！，可以直接运行程序。按 F5 键(GO)，可以在 Debug 模式下运行程序，此时会在一些预设的断点处停止运行。

第4章 上机实验

4.1 编程环境认识和编制简单 C 程序

4.1.1 实验目的

1. 掌握高级语言程序编写、编译、调试和运行的基本过程。

2. 熟悉和掌握 Visual Studio 2017(以下称 VS 2017)IDE 环境的操作和使用,进行简单 C 语言程序的编写、调试、编译和运行。

3. 认识并理解常见错误信息的含义。

4. 培养良好的编程习惯。

4.1.2 基础练习

1. 打开计算机,启动 VS 2017,熟悉 VS 2017 IDE 环境下各菜单命令的使用。

2. 输入如下程序,并进行编译和运行。请注意观察:源程序编译后得到的目标程序的后缀是什么,连接后得到的可执行文件的后缀是什么。

```
void main()
{
    printf("********************\n");
    printf("\n");
    printf("    Very Good! \n");
    printf("\n");
    printf("********************\n");
}
```

3. 输入如下程序,编译并运行,观察运行结果。

```
void main()
{
    int a,b,c,d,sum;
    a=10; b=20; c=30;
    sum=a+b * c;
    a=c; d=a+c;
    printf("sum=%d, d=%d",sum,d);
}
```

4. 编写程序:任意输入 3 个整数,计算并输出它们的平均值,以及这 3 个整数的乘积。

5. 一个学生五门课的成绩分别为 70、89、65、100、78。编写程序,计算并打印该学生的平均成绩。

4.1.3 进阶练习

1. 编写程序：输入一个整数 x，计算并输出 $y=(x-10)^3$ 的值。

2. 运行以下程序，给出运行结果。

```
void main()
{
    int i2;
    int i1=1000;
    {
        int i1=100;
        printf("i1=%d",i1);
    }
    i2=i1;
    printf("i2=%d\n",i2);
}
```

3. 找出以下程序中的错误并修改。

```
void main()
{
    int x,y,z;
    scanf("%d",&z);
    x=0;
    z=x+y
    printf("z=%d\n",z)
}
```

4. 找出以下程序中的错误并修改。

```
#define x 3.5
#define a 5.5
{   float x, y;
    y=x+z;
    printf("a=%f, x=%f, y=%f\n", a, x, y);
}
```

5. 编写程序，使程序产生以下的输出结果。

```
For he's a jolly good fellow!
For he's a jolly good fellow!
Which nobody can deny!
```

4.1.4 实验结果

提交实验结果，包括以下内容。

1. 基础练习的源程序。

2. 进阶练习的源程序。

3. 程序调试中出现的主要错误提示。

4. 记录程序调试过程中的主要问题，分析原因及解决方案。

4.2 编 程 初 步

4.2.1 实验目的

1. 掌握 C 程序的基本结构，掌握 C 语言的数据类型，熟悉定义整型、浮点型、字符型变量的方法，以及对其进行初始化和赋值操作的方法。

2. 掌握常用的转义字符。

3. 掌握不同数据类型的转换方法以及转换的优先顺序。

4. 掌握 C 语言算术运算符的使用方法以及算术表达式的计算规则。

5. 掌握 C 的赋值语句和赋值表达式。

6. 掌握自增（＋＋）、自减（－－）运算符、复合赋值运算符的运算规则和基本操作方法。

7. 掌握几种常用输入输出函数的使用方法，包括 printf、scanf、putchar、getchar 函数。

8. 掌握常用的输入输出格式控制符。

9. 能够熟练编写顺序结构的程序。

4.2.2 基础练习

1. 分析以下程序结果，输入并运行该程序，进行验证。

```
void main()
{   char c1,c2;
    c1=97; c2=98;
    printf("c1=%c, c2=%c\n",c1,c2);
    printf("c1=%d, c2=%d\n",c1,c2);
    c1=c1-32; c2=c2-32;
    printf("c1=%c, c2=%c\n",c1,c2);
    printf("c1=%d, c2=%d\n",c1,c2);
}
```

2. 分析并写出以下程序的运行结果。

```
void main()
{   int i,m,n;
    i=5;
    printf("before i++ i=%d\n",i);
    m=i++;
    printf("after i++ i=%d\n",i);
    n=++i;
    printf("after++i i=%d  m=%d  n=%d\n",i,m,n);
}
```

3. 分析并写出以下程序的运行结果。

```
void main()
{   int a=3;
    printf("%d\n", a+(a-=a*a));
}
```

4. 以下程序的功能是：将输入的四位数以反序输出，如输入 1234，则输出 4321。完成以下程序，并调试和运行。

```
void main()
{   int n, d1, d2, d3, d4;
    scanf("%d",&n);
    d1=n%10;
    d2=(n%100)/10;
    _____;
    _____;
    printf("n:%d change to:%d%d%d%d\n", n, d1, d2, d3, d4);
}
```

5. 写出以下赋值表达式经运算后 a 的值，并编写程序上机验证。设原来 a＝12，n＝5。a 和 n 都定义为整型变量。

(1) a＋＝a   (2) a－＝2   (3) a＊＝2＋3

(4) a%＝(n%＝2)   (5) a/＝a＋a   (6) a＋＝a－＝a＊a

6. 设 a＝2，b＝3，x＝3.5，y＝2.5，计算以下表达式的值，并编写程序上机验证。

(1) (float)(a＋b)/2＋(int)x%(int)y

(2) (float)a＋b/2＋(int)x%(int)y

(3) (float)(a＋b/2)＋(int)x%(int)y

7. 编写程序，任意输入三个整数，计算它们的和以及这三个数的平均值，输出计算结果。

8. 编写程序，任意输入一个 ASCII 码值(如 66)，输出其对应的字符。

9. 编写程序，任意输入三个 1 位整数，输出由其组成的一个整数。例如：输入 2、4、7，输出 247。

10. 编写程序，任意输入一个大写字母，将其改成小写字母输出。

11. 编写程序，输入任意两个浮点数，交换它们的值，输出交换以后的结果。

12. 编写程序，任意输入三个整数，分别表示日期的年、月、日，输出对应的日期形式，例如：

输入：2017 9 8

输出：2017 年|9 月|8 日

13. 已知摄氏温度 C 与华氏温度 F 的转换公式是：F＝(9/5)C＋32。编写程序，输入摄氏温度 C，将其转换成华氏温度 F，并输出。

14. 输入一个直角三角形两条直角边的长度(假设为浮点数)，计算并输出该直角三角形的斜边长。

4.2.3 进阶练习

1. 以下程序的功能是计算梯形面积 s。设梯形上底 a＝5,下底 b＝10,高 h＝6。请完成程序并调试。

```
void main()
{   _____

    _____
    a=5;  b=10;  h=6;
    _____
    printf("a=%d, b=%d, h=%d, s=%f\n", a, b, h, s);
}
```

2. 以下程序功能为：对一元二次方程 $ax^2＋bx＋c＝0$,输入该方程的三个实系数 a、b、c (输入的数值应保证方程有实根),计算并输出该方程的两个实根。完成并调试程序。

```
void main()
{
    int a,b,c;
    float d,v1,v2;
    scanf("%d %d %d",&a,&b,&c);
    _____;
    v1=(-1*b+sqrt(d))/2/a;
    _____;
    printf("v1=%f",v1);
    _____;
}
```

3. 编写程序,输入任意三个数字字符,输出由它们组成的 1 个整数。例如：输入 2、5、7,输出整数 257。

4. 编写程序,输入任意一个浮点数 $x(1.0≤x≤100.0)$,计算并输出 x^5。

5. 已知匀加速运动的初速度为 10m/s,加速度为 $2m/s^2$。编写程序,计算并输出 20s 以后的速度、20s 内走过的路程以及平均速度。

6. 1 个水分子的质量约为 $3×10^{-23}$g,1qt[夸脱,1qt(美)≈950g]。编写程序,输入水的夸脱数,然后输出这么多水中包含多少个水分子。

7. 编写程序,任意输入三角形的三条边 a,b,c,计算并输出这个三角形的面积。

提示：设 $s＝(a+b+c)/2$,则三角形的面积为 $\sqrt{s(s-a)(s-b)(s-c)}$。

8. 已知圆柱底面半径为 1.5,圆柱高为 3。编写程序,计算并输出圆柱底面周长、圆柱表面积、圆柱的体积。

9. 已知一个并联电路(图 4.1)。如果两端电压 $U＝220V,R1＝R2＝10k\Omega,R3＝R4＝200k\Omega$,求 $i1,i2,i3,i4$ 及总电阻 R。

计算公式如下：

$$1/R = 1/R1 + 1/R2 + 1/R3 + 1/R4$$

$$i1 = U/R1, i2 = U/R2, i3 = U/R3, i4 = U/R4$$

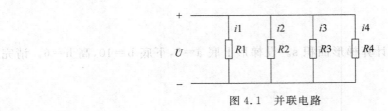

图 4.1　并联电路

要求输出格式为：

R ＝

R1 ＝

R2 ＝

R3 ＝

R4 ＝

10．编写程序，输入天数，然后将该天数值转换为周数和剩余天数输出。例如，程序把 18 天转换成 2 周 4 天。即输入 18,输出 2 周 4 天。

11．已知某种密码的加密规则是：用原来字母后面的第 4 个字母代替原来的字母。例如,将 China 转成密码,字母 a 后面的第 4 个字母是 e,用 e 代替 a。因此,China 应译为 Glmre。如果后面第 4 个大于字母 z 或 Z,则回到字母表头部继续编码,即 26 个小写(和大写)字母形成环状编码。例如字母 x,其后面第 4 个字母是 b。编写程序,对任意输入的 5 位字母串,将其转换为密码,输出原文和密码。

12．编写程序,将一个两位的正整数 n 平方后,取其十位数和个位数,构成一个新的整数输出。例如,输入 11,输出为 21。如果输入为 10,输出为 0。

4.2.4　实验结果

提交实验结果,包括以下内容。

1．基础练习的源程序。

2．进阶练习的源程序。

3．程序调试中出现的主要错误提示。

4．记录程序调试过程中的主要问题,分析原因及解决方案。

4.3　选择结构程序设计

4.3.1　实验目的

1．掌握 C 语言逻辑值的表示方法(以 0 表示"假",以非 0 代表"真")。

2．能够正确使用关系运算符,构造关系表达式,并掌握其运算规则,理解和掌握运算符的优先级及结合性概念。

3．能够正确使用逻辑运算符构造逻辑表达式,并掌握其运算规则。

4．掌握 if 语句、if-else 语句、switch 语句的语法规则。

5．熟练使用 if 和 switch 编写具有选择结构、嵌套选择结构的程序。

4.3.2　基础练习

1. 编写程序,输入任意三个整数,输出其中最大的整数。

2. 编写程序,输入任意三个字符,输出其中最小的字符。

3. 编写程序,任意输入一元二次方程的三个实系数 a、b、c,计算并输出方程所有可能的解。二次方程为 $ax^2+bx+c=0$。

4. 输入一个学生的百分制分数,计算并输出该学生对应的成绩等级。分数 Score 与成绩等级的对应关系如下:

Score≥90 分: 'A';　　　　　　　80 分≤Score≤89 分: 'B';

70 分≤Score≤79 分: 'C';　　　　60 分≤Score≤69 分: 'D';

Score<60 分: 'E'。

5. 输入任意三个整数,编写程序,将其按由小到大的顺序输出。

6. 输入任意一个整数,编写程序,判断该数是否能同时被 2,3 和 5 整除,输出 It can be divided by 2,3,5. 或 It can't be devided by 2,3,5.。

7. 输入一个字符,如果它是小写字母,则将其转换为大写字母,若是大写字母,则转换为小写字母,输出转换结果。如果该字符不是字母,则输出"The character need not to be changed"。

8. 编写程序,判断任意输入的一个整数是奇数还是偶数,输出判断的结果。

9. 对一批货物征收税金的标准如下:

(1) 价格 1 万元以上的货物,征税 5%。

(2) 价格 5000 元以上且 1 万元以下的货物,征税 3%。

(3) 价格 1000 元以上且 5000 元以下的货物,征税 2%。

(4) 价格 1000 元以下的货物免税。

编写程序,输入任意货物的价格,计算并输出应收取的税金。

10. 表 4-1 为班级号及对应的学生人数。编写程序,输入班级号,输出该班的学生人数。要求使用 switch 语句。

表 4-1　班级号及人数

班级号	91	92	93	94	95
人　数	30	32	30	30	32

4.3.3　进阶练习

1. 有如下函数:

$$y=\begin{cases} x & (x<1) \\ 2x-1 & (1\leqslant x<15) \\ 6x+x^2 & (x\geqslant 15) \end{cases}$$

编写程序,输入任意的 x,计算并输出 y 值。

2. 输入任意点的坐标 (x,y)($x\neq 0, y\neq 0$),根据该点所处的象限选择相应的公式,计算并输出 z。

$$z = \begin{cases} \ln x + \ln y & \text{第 1 象限} \\ \sin x + \sin y & \text{第 2 象限} \\ e^{2x} + e^{3x} & \text{第 3 象限} \\ \tan(x+y) & \text{第 4 象限} \end{cases}$$

3. 输入任意一个不多于 5 位的正整数 n,编写符合以下要求的程序:

(1) 输出 n 是几位数。

(2) 逆序输出 n 的每一位数字,例如原数为 321,应输出 123。

4. 编写程序,任意输入两个整数,计算并输出其相除后的商数和余数。如果除数为 0,程序应给出错误提示。

5. 输入整数形式的年、月、日,判断这一天是这一年的第几天。例如,输入 2010 1 1,输出 It's the 1th day of 2010.。

6. 任意输入 3 个整数,表示三条边的长度,判断这三条边是否能组成一个三角形。如果能,判断其组成的是否是直角三角形,并判断其是否为等腰三角形。

7. 编写程序,任意输入两个整数,并依据运行窗口的提示信息输入数字选项。根据输入的数字选项选择对这两个数的运算方式,并输出相应运算结果。运行窗口提示信息如下:

```
1   作加法
2   作减法
3   作乘法
4   作除法
请选择
```

提示:本题可设计为多分支选择结构,根据提示输入数字选择不同的操作。当输入 1 时,计算两数之和;输入 2 时,计算两数之差;输入 3 时,计算两数之乘积;输入 4 时,计算两数之商。注意应检测除数是否为零的情况。可借助 switch 语句实现。

4.3.4 实验结果

提交实验结果,包括以下内容。

1. 基础练习的源程序。

2. 进阶练习的源程序。

3. 程序调试中出现的主要错误提示。

4. 记录程序调试过程中的主要问题,分析原因及解决方案。

4.4 循环结构程序设计

4.4.1 实验目的

1. 进一步熟练掌握关系表达式和逻辑表达式的使用方法。

2. 掌握 C 语言的几种循环控制语句 while、do-while、for 的使用方法。

3. 掌握 break 和 continue 语句的使用方法及其区别。

4. 熟练编写具有循环结构、多重循环嵌套结构的程序。

5. 综合运用 C 语言的基础语法知识,编写由顺序、选择和循环结构相结合的,具有一定复杂结构的程序。

4.4.2　基础练习

1. 以下程序可从键盘输入一个大于 0 的整数,然后输出此数的所有正整数因子。例如,输入 12,则输出 12: 1 2 3 4 6 12。完成以下程序,并调试和运行。

```c
void main()
{   int a, k;
    scanf("%d", &a);
    if(a>0)
    {
        printf("%d:", a);
        for _____
            if _____
                printf("%d", k);
    }
    printf("\n");
}
```

2. 任意输入十个整数,编写程序,找出它们的最大值并输出。

3. 若有一个三位数 abc,满足 $a^3+b^3+c^3=abc$,则称这个三位数 abc 为水仙花数。例如 $153,1^3+5^3+3^3=153$,则 153 称为水仙花数。编写程序,找到并输出 $100\sim999$ 之间所有的水仙花数。

4. 利用公式: $\sin x=\dfrac{x}{1!}-\dfrac{x^3}{3!}+\dfrac{x^5}{5!}-\cdots-\dfrac{x^{4n-1}}{(4n-1)!}+\dfrac{x^{4n+1}}{(4n+1)!}-\cdots$,计算 $\sin(x)$ 的近似值。x 的值(为弧度)由键盘输入,省略的项都 $<10^{-5}$。

5. 编写程序,输出如下格式的九九乘法表:

```
1*1=1  1*2=2  1*3=3  1*4=4  1*5=5  1*6=6  1*7=7  1*8=8  1*9=9
       2*2=4  2*3=6                                      2*9=18
              3*3=9                                      ……
                                                          ……
                                                       9*9=81
```

4.4.3　进阶练习

1. 编写程序,任意输入 10 个浮点数,计算它们的和、积、平方和、和的平方。

2. 编写程序,任意输入 20 个整数,分别统计和输出其中正数、负数和零的个数。

3. 根据公式 e=1+1/(1!)+1/(2!)+1/(3!)+…,计算并输出 e 的近似值。精度要求为 10^{-6},即省略的项都小于 10^{-6}。

4. 编写程序,分别计算并输出 1!,2!,3!,4!,…,35!的值。

5. 利用公式: $\dfrac{\pi}{2}=\dfrac{2\times2}{1\times3}\times\dfrac{4\times4}{3\times5}\times\dfrac{6\times6}{5\times7}\times\cdots\times\dfrac{(2n)^2}{(2n-1)(2n+1)}\times\cdots$,计算并输出 π 的近

似值(取前 100 项)。

6. 利用公式：$\dfrac{\pi}{4}=1-\dfrac{1}{3}+\dfrac{1}{5}-\dfrac{1}{7}+\dfrac{1}{9}-\cdots+(-1)^n\times\dfrac{1}{(2n+1)}+\cdots$，计算并输出 π 的近似值(省略的项都小于 10^{-5})。

7. 编写程序，统计并输出 77～210 中偶数的个数。

8. 编写程序，统计 7～91 中有多少个能被 3 整除的奇数，输出统计结果。

9. 输出 7～100 中所有不能被 5 整除的整数，要求每行显示 5 个数。

10. 编写程序，根据输入的行数，输出三角图案。例如输入 5，输出如下图案：

$$
\begin{array}{l}
\$\\
\$\$\\
\$\$\$\\
\$\$\$\$\\
\$\$\$\$\$
\end{array}
$$

11. 编写程序，打印数据表，数据表的每一行分别为一个整数、它的平方值、它的立方值。要求用户输入数据表的上限与下限。例如，输入 3 5，输出如下数据表：

$$
\begin{array}{l}
3\ 9\ 27\\
4\ 16\ 64\\
5\ 25\ 125
\end{array}
$$

12. 任意输入一个大写字母，输出字母金字塔图案。例如，输入字母 E，则输出如下图案：

$$
\begin{array}{c}
A\\
A\ B\ A\\
A\ B\ C\ B\ A\\
A\ B\ C\ D\ C\ B\ A\\
A\ B\ C\ D\ E\ D\ C\ B\ A
\end{array}
$$

13. 编写程序，输入两个大于 0 的浮点数，输出二者的差值。程序可反复输入多对数据，并对每对输入值进行处理。当输入负数时，程序停止。

14. 编写程序，输入一个整数，输出所有小于或等于该数的素数。

提示：素数是指除了 1 和它本身以外不能被其他任何整数整除的大于 1 的自然数。例如，17 是素数，因为它不能被 2～16 的任一整数整除。实际上，只判断 17 不能被 2～8 任一整数整除就可以了。

15. 编写程序，该程序可读取若干整数，并统计其中偶数的个数，直到输入的整数为 0。输入结束后，程序输出偶数的个数及偶数的平均值。

16. 编写程序，找出 1000 以内的所有完数。完数是指某自然数的各因子之和正好等于该数本身，例如，6 的因子是 1、2、3，而 6＝1＋2＋3，故 6 是完数。这里所说的因子不包括该数本身。

17. 编写程序，找出 2～1000 中的所有亲密数对。亲密数对是指：如果 a 的因子和等于 b，b 的因子和等于 a，则(a,b)就是亲密数对。这里所说的因子不包括该数本身。例如，6 的因子是 1、2、3。

18. 用 100 元钱买 100 只鸡。已知公鸡三元 1 只，母鸡一元 1 只，小鸡一元 3 只。编写程序，输出用 100 元买 100 只鸡的总方案数，以及每种方案中公鸡、母鸡、小鸡的数量。

19. 已知一匹大马驮 3 担货，一匹中马驮 2 担货，一匹小马驮 0.5 担货。编写程序，计算用 100 匹马驮 100 担货所需大马、中马、小马的数量。

20. 编写程序，输出如下序列的前 100 项。该序列的第一项为 0，第二项为 1，以后的奇数项为前两项之和，偶数项为前两项之差。序列如下：

$$0\ 1\ 1\ 0\ 1\ -1\ 0\ -1\ -1\ 0\ \cdots$$

21. 编写程序，验证“100 以内的奇数的平方除以 8 都余 1”这个命题是否成立。程序输出 YES 或 NO 的结论。

22. 编写程序，查找并输出 1~100 之间所有的素数。

23. 编写程序，根据输入的行数输出钻石图案。例如输入 4，输出图案如下：

```
            *
         *  *  *
      *  *  *  *  *
   *  *  *  *  *  *  *
      *  *  *  *  *
         *  *  *
            *
```

24. 某化肥厂 2013 年生产化肥 4672 万吨，该厂计划年增长率为 10%。编写程序，计算到 2017 年该厂能生产多少万吨化肥。

25. 编写程序，统计 100~300 之间，有多少个各位数字之和为 5 的整倍数的整数。例如整数 235，其各位数字之和为 2+3+5=10，是 5 的整倍数。

26. 输入任意两个正整数，计算并输出它们的最大公约数和最小公倍数。

27. 输出如下格式的九九乘法表：

```
1*1=1  1*2=2  1*3=3  1*4=4  1*5=5  1*6=6  1*7=7  1*8=8  1*9=9
2*2=4  2*3=6  2*4=8              ……                      2*9=18
3*3=9  3*4=12  ……
……
9*9=81
```

28. 编写程序。该程序可读取从键盘输入的任意多个字符，直到遇到'#'字符为止。然后程序输出读取到的空格数，英文（大、小写）字母数，数字字符（0~9）及其他字符个数。

29. 修改下面的程序，使之实现输入 10~9999 内的一个整数，将该整数以各位数字相反的顺序输出。例如：输入 934，输出 439；输入 1200，输出 0021。

```
void main()
{   int a;
    scanf("%d",&a),
    while(a==0)
    {   printf("%d \n";a/10);
        a=a%10;
```

```
      printf("\n");
   }
```

30. 某数列的前 3 个数为 0、0、1，从第 4 个数开始，每个数是其前 3 个数之和。下面的程序可输出该数列的前 10 项。完成程序并运行。

```
void main()
{   int a, b, c, x, n;
    a=0; b=0;
    c=_____;
    n=4;
    printf("%d %b %d", a, b, c);
    while (n<=10)
    {   x=a+b+c;
        a=b;
        b=c;
        _____;
        printf("%d", x);
        _____;
    }
    printf("\n");
}
```

4.4.4 实验结果

提交实验结果，包括如下内容。

1. 基础练习的源程序。
2. 进阶练习的源程序。
3. 程序调试中出现的主要错误提示。
4. 记录程序调试过程中的主要问题，分析原因及解决方案。

4.5 数 组

4.5.1 实验目的

1. 掌握一维数组的定义、初始化、赋值方法，掌握一维数组元素的访问方法。
2. 掌握二维数组的定义、初始化、赋值方法，掌握二维数组元素的访问方法。
3. 能够选用适合的数组类型编写涉及数据集操作的程序。

4.5.2 基础练习

1. 编写程序，找出一个整型数组（长度不大于 1000）中的最大值，并输出最大值。

2. 编写程序，找出一个浮点型数组（长度不大于 1000）中最大值的下标，并输出该下标（假设数组中最大值是唯一的）。

3. 编写程序，计算并输出一个整型数组（长度不大于 1000）中最大值和最小值之间的差值。

4. 编写程序,把两个整型数组(长度不大于1000)中对应位置的元素相加,将结果存储到第三个数组内。设数组 A 为 2、4、5、8,数组 B 为 1、0、4、6,则数组 C 为 3、4、9、14。

5. 一个整型数组中存放有 20 个整数,编写程序,统计并输出该数组中素数的个数。

6. 任意输入 20 个整数到一维数组中,计算并输出这 20 个整数的平均值。

7. 编写程序,输出如下形式的杨辉三角。

```
            1
          1   1
         1   2   1
        1   3   3   1
       1   4   6   4   1
      1   5   10  10  5   1
```

8. 编写程序,将一个 3×3 的矩阵转置(即行列互换)。例如,输入下面的矩阵:

```
100   200   300
400   500   600
700   800   900
```

程序输出:

```
100   400   700
200   500   800
300   600   900
```

9. 有 3 个二维整型数组 A[2][3]、B[2][3]、C[2][3]。分别对数组 A、B 赋值,然后计算 C＝A＋B 的值,输出计算后的数组 C。

10. 对一个 3×3 的整型矩阵,计算并输出矩阵的主对角线(矩阵的左上角到右下角的对角线)元素之和。

4.5.3　进阶练习

1. 用冒泡排序法对数组中的 15 个整数由大到小进行排序,并输出排序结果。

2. 输入任意 20 个整数,将它们从小到大排序,输出排序后的结果,并给出排序后的每个元素所对应的原来的次序。例如:输入 27、3、25、27、14、39。

输出:

```
3     2
14    5
25    3
27    1
27    4
39    6
```

3. 将一个整型数组(长度不大于1000)中的值按逆序重新存放,输出数组中原来的数值以及逆序后的数值。例如,数组元素原来为 8、6、5、4、1,运行程序,将数组元素修改为 1、4、5、6、8。

4. 将一个整型数组(长度不大于 1000)初始化为有序数组。然后新输入一个整数,将这个整数按原来排序的规律插入到数组中合适的位置,使数组仍然保持有序。输出添加了新元素后的数组。

例如,数组的元素初始为:1 2 4 4 5 10 12。

输入整数 3 后,数组元素变为:1 2 3 4 4 5 10 12。

5. 输入 5 个学生的 3 门功课的成绩(浮点数)。计算并输出每一个学生的总分及平均分,统计并输出平均成绩低于 60 分的学生人数。

6. 输入矩阵 a(5 行 5 列),完成下列要求。

(1) 输出矩阵 a。

(2) 将矩阵 a 的第 2 行和第 5 行元素对调,形成新的矩阵 a 并输出。

(3) 用主对角线(指矩阵的左上角到右下角的对角线)的元素(非零)分别去除相应行的元素,又形成一个新的矩阵 a 并输出。

7. 如下程序的功能是:在 n 行 n 列的矩阵中,每行都有一个最大值,用程序求出这 n 个最大值中的最小值。完成程序并调试运行。

```
#define N 5
int a[N][N];
void main()
{   int row, col, max, min;
    //输入 n×n 个整数到数组 a 的代码略
    for(row=0; row<N; row++)
    {   for(max=a[row][0], col=1; col<N; col++)
            if(_____) max=a[row][col];
        if(_____) min=max;
        else if(_____) min=max;
    }
    printf("The min of max numbers is %d\n", min);
}
```

8. 输入任意 10 个整数到一个一维数组中,要求如下。

(1) 将 10 个整数从小到大排序并输出:用改进的冒泡排序法完成。

(2) 将 10 个整数从大到小排序输出:用选择排序法完成。

4.5.4 实验结果

提交实验结果,包括如下内容。

1. 基础练习的源程序。

2. 进阶练习的源程序。

3. 程序调试中出现的主要错误提示。

4. 记录程序调试过程中的主要问题,分析原因及解决方案。

4.6　字　符　串

4.6.1　实验目的

1. 掌握字符数组的定义、初始化、赋值方法。
2. 掌握逐个访问字符数组元素的方法。
3. 掌握对字符数组进行整体操作的方法。
4. 能够运用字符串处理技术以及调用常用字符串处理函数，以便对字符串进行灵活操作和应用。

4.6.2　基础练习

1. 编写程序，输入任意长度的字符串（字符串长度不大于1024），统计其中大写字母和小写字母的个数，并输出统计结果。例如，输入字符串 AAaaBBb123CCccccd，输出 upper＝6，lower＝8。
2. 编写程序，输入任意长度的字符串（字符串长度不大于1024），输出其中最大的字符。
3. 编写程序，将字符数组 s2 中的字符串复制到字符数组 s1 中，不调用 strcpy 函数。
注意：复制时，\0 也要复制过去。\0 后面的字符不复制。假设字符串长度不大于1024。
4. 将一个字符串（字符串长度不大于1024）中的字符按由小到大的顺序排序，输出排序后的字符串。
5. 以下程序要求输入一个字符串，并将其中的大写字母改成小写字母，完成程序并调试运行。

```
void main()
{   int i=0;
    char s[1024];
    printf("Enter a string.\n");
    scanf("%s", s);
    while(_____)
    {   if(_____)
            s[i]=s[i]-'A'+'a';
        i++;
    }
    printf("%s\n",s);
}
```

4.6.3　进阶练习

1. 输入一个字符串（字符串长度不大于1024），统计其中各小写字母出现的次数，然后按字母出现次数的多少顺序输出（先输出字母出现次数多的，如果次数相同，按字母表顺序输出，不出现的字母不输出）。
例：输入：5b3a＋4－hdeh5dh？

输出：

```
h    3
d    2
a    1
b    1
e    1
```

2. 有一篇文章，共有 3 行文字，每行有 80 个字符。编写程序，分别统计和输出文章中的大写字母、小写字母、数字字符(0～9)、空格及其他字符的个数。

3. 编写程序，输入一串单词，单词间用逗号分隔。然后提取出每一个单词，将它们分行输出。假设输入的数据中只包含英文字母和逗号。例如，输入为：

John,Jack,Jill

输出为：

John
Jack
Jill

4. 回文是正读反读均相同的句子，忽略其中的空白符、大小写以及其他标点符号。例如，字符串 Madam,I'm Adam 是回文，Are we not drawn onward, we few? Drawn onward to new era? 也是回文。编写程序，判断任意输入的字符串(字符串长度不大于 1024)是否是回文。

4.6.4 实验结果

提交实验结果，包括如下内容。

1. 基础练习的源程序。
2. 进阶练习的源程序。
3. 程序调试中出现的主要错误提示。
4. 记录程序调试过程中的主要问题，分析原因及解决方案。

4.7 指　　针

4.7.1 实验目的

1. 掌握指针的定义方法，掌握指针的常用运算符 * 的使用方法。
2. 掌握使用指针访问和操作一维数组元素的方法。
3. 能够使用指针访问和操作字符串。

4.7.2 基础练习

1. 写出以下程序的运行结果。

```
void main()
{   int a[6]={1,2,3,4};
```

```
    int i, s=1;
    int * p=NULL;
    p=a;
    for(i=0; i<6; i++)
        s * = * (p+i);
    printf("%d\n", s);
}
```

2. 写出以下程序的运行结果。

```
void main()
{   int a[]={1, 3, 5}, x=7, y=9;
    int * p=NULL;
    p=a;
    printf("%d, ", * p);
    printf("%d, ", * (++p));
    printf("%d, ", * ++p);
    printf("%d, ", * (p--));
    printf("%d, ", * p--);
    printf("%d, ", * p++);
    printf("%d, ",++( * p));
    printf("%d\n ",( * p)++);
    p=&a[2];
    printf("%d, ", * p);
    printf("%d, ", * (++p));
    p++;
    printf("%d, ", * p);
}
```

3. 写出以下程序的运行结果。

```
void main()
{   int a[4][3]={{1, 2, 3}, {4, 5, 6}, {7, 8, 9}, {10, 11, 12}};
    int (* p1)[3];
    p1=a;
    printf("\n");
    printf("1:%d\n", * ( * (p1+0)));
    p1++;
    printf("2:%d\n", * p1[0]);
    printf("3:%d\n", * ( * (p1+1)+2));
}
```

4. 写出以下程序的运行结果。

```
void main()
{   void tran(int n, int x[]);
    int a[4][4]={{3, 8, 9, 10}, {2, 5, -3, 5}, {7, 8, 9, 12}, {10, 11, 2, 4}};
    tran(2, a[0]);
```

```
        tran(0, a[2]);
        tran(0, &a[2][0]);
}
void tran(int n, int arr[])
{   int i;
    for(i=0; i<4; i++)
        printf("%d", arr[n*4+i]);
    printf("\n");
}
```

5. 运行以下程序，分析其运行结果，注意指针的使用方式。

```
void main()
{   int i, j, a[4][3]={{1, 2, 3}, {4, 5, 6}, {7, 8, 9}, {10, 11, 12}};
    int *p=NULL;
    printf("\n%d\t%d\t%d\t%d\n", a[0], a[1], a[2], a[3]);
    for(p=a[0]+2, i=0; i<10; i++)
        printf("%5d", *p++);
    printf("\n");
    for(i=0; i<4; i++)
    {   printf("%d", *(a+i));
        for(j=0, p=*(a+i)+j; j<3; j++)
            printf("%5d", *p++);
        printf("\n");
    }
}
```

6. 运行以下程序，分析其运行结果，注意指针的使用方式。

```
void main()
{   char a[]="abcdef";
    char *b="ABCDEF";
    int i;
    for(i=0; i<3; i++)
        printf("%d, %s\n", *a, b+i);
    printf("--------------------\n");
    for(i=3; a[i]; i++)
    {   putchar(*(b+i));
        printf("%c\n", *(a+i));
    }
}
```

4.7.3 进阶练习

1. 编写程序，输入若干个温度值，温度值为浮点数，计算并输出温度的平均值。输入的温度值个数未知，在程序运行时才指定个数，因此用动态分配内存的方式进行存储。

2. 编写程序，从键盘输入一个字符串(字符串长度不大于1024)。删掉字符串中所有的空格和标点符号,输出处理后的字符串。要求程序中用指针访问字符串。

3. 编写程序,从键盘输入若干个整数,计算并输出这些数的平均值,同时计算并输出每个数与平均值之间的差值。程序不预先指定输入整数的个数,因此所有输入数据用动态分配的内存存储,当输入为一1时,输入数据结束。

4.7.4 实验结果

提交实验结果,包括以下内容。

1. 基础练习的源程序。
2. 进阶练习的源程序。
3. 程序调试中出现的主要错误提示。
4. 记录程序调试过程中的主要问题,分析原因及解决方案。

4.8 函 数

4.8.1 实验目的

1. 掌握函数的结构及函数定义方法;掌握函数的实际参数与形式参数的对应及参数传递原理,能够熟练定义和调用自定义函数。
2. 能运用函数调用及函数嵌套调用构造具有较复杂结构的程序。
3. 理解函数递归调用的原理。
4. 掌握全局变量和局部变量的使用方法,理解动态变量、静态变量的概念、特点、使用方法和适用场景。
5. 掌握函数原型的书写方法。

4.8.2 基础练习

1. 编写函数 double carea(double r),接收圆半径值 r,计算并返回圆面积。

2. 编写函数 int gcd(int numa, int numb),接收任意两个正整数值,计算并返回两者的最大公约数。

3. 编写函数 double distance(int x1, int y1, int x2, int y2),接收平面上两个点的坐标值(x1,y1)、(x2,y2),计算并返回这两个点之间的距离。

4. 编写温度转换函数 double tempt(double temp, char ctype),能将摄氏温度转换成华氏温度,也可以将华氏温度转换成摄氏温度。其中,

参数 temp 表示被转换的温度值。

参数 ctype 表示要转换的温度类型。

如果 ctype 为'C',表示将 temp 转换为摄氏温度。

如果 ctype 为'F',表示将 temp 转换为华氏温度。

5. 编写函数 int isOE(int number),判断整数 number 是奇数还是偶数。如果是奇数,函数返回 1;如果是偶数,函数返回一1。

6. 写出以下程序的运行结果。

```
void fun(int * x, int * y)
{   printf("%d %d", * x, * y);
    * x=3;
    * y=4;
}
void main()
{   int x=1, y=2;
    fun(&y, &x);
    printf("%d %d", x, y);
}
```

7. 编写函数 void sa(int x1，int x2,int * sum,int * mul)，接收两个整数 x1、x2 的值，计算两数之和及乘积,分别将计算结果保存在 * sum 和 * mul 中。

8. 编写函数 void exchange(int * n1，int * n2)，实现两个整数值的互换，即交换 * n1 与 * n2 中的数值。

9. 定义整型数组 data 和 primes(数组长度不大于 1024)，在数组 data 中存放 $n(n \leqslant 1024)$ 个整数。编写函数 int isprime(int * data，int * primes，int len)，将 data 中的素数保存到 primes 中，并返回素数的个数，在主调函数中输出这些素数。其中:

参数 data 为数组 data 的首地址。

参数 primes 为数组 primes 的首地址。

参数 len 为数组 data 中存放的整数个数。

10. 编写函数,求 n 阶矩阵 matrix 中最大元素与最小元素的值。建议函数原型如下。

```
void MatrixSearch(double matrix[][], double * pMax, double * pMin, int n);
```

11. 编写函数 void sort(int * array，int len)，对数组 array(数组长度不大于 1024)中的 len 个元素,函数用冒泡排序法进行从小到大排序。

12. 二分法是一种快速查找算法。其思路为：初始查找区间的下界为 0,上界为 len—1,查找区间的中间部分,$k = (\text{下界} + \text{上界})/2$。若 list[$k$] 等于 c,查找成功;若 list[k]>c,则新的查找区间的下界不变,上界改为 $k-1$;否则新的查找区间的下界改为 $k+1$,上界不变。在新区间内继续用二分法查找。有如下函数：在已按字母次序从小到大排序的字符数组 list[len] 中查找字符 c,若 c 在数组中,函数返回字符 c 在数组中的下标,否则返回 -1。将函数补充完整,并在主程序中调用该函数。

```
int search(char * list, char c, int len)
{   int low=0, high=len-1, k;
    while(_____)
    {   k= (low+high)/2;
        if(_____) return k;
        else if(_____) high=k-1;
                else low=k+1;
    }
    return -1;
}
```

4.8.3 进阶练习

1. 阅读以下程序，分析程序的输出结果。思考函数 int m(unsigned k)的功能。

```
int m(unsigned k)
{   int s=1;
    do
    {   s*=k%10;
        k/=10;
    }while(k);
    return s;
}
void main()
{
    printf("%d, %d\n", m(1234), m(43209));
}
```

2. 编写函数 int findmax(int n1, int n2, int n3)，接收三个整数 $n1$、$n2$、$n3$ 的值，找出并返回它们的最大值。

3. 编写函数 double cvolume(double r, double h)，接收圆柱体的半径 r 和高 h，计算并返回圆柱的体积。

4. 编写函数 int lcm(int x1, int x2)，接收两个正整数 $x1$、$x2$ 的值，计算并返回这两个数的最小公倍数。

5. 编写函数 long fac(int n)，接收一个整数 n，计算并返回 n 的阶乘值。

6. 编写函数 double power(double n, int p)，接收一个实数 n 和整数次幂 p（p 为正整数、负整数或 0），计算并返回 n 的 p 次幂的值。

7. 输入年、月、日，编写函数，判断输入的日期是该年的第几天，在主调函数中输出判断的结果。建议函数原型为 int cday(int year, int month, int day)。

8. 编写函数 void date(int num, int * month, int * day, int * year)，接收形如 yyyymmdd（如 20170412）的整数 num，确定并返回其中月、日、年的值，分别存放在 * month、* day、* year 中。例如：如果调用语句为 date(20170411, &month, &day, &year)，则调用结束后，month 的值为 04，day 的值为 11，year 的值为 2017。

9. 函数 fun 的功能是：求 $k!$（$k<13$），所求阶乘的值作为函数值返回。例如，若 $k=10$，则应输出 3628800。请将程序补充完整。

```
long fun(int k)
{   if(k>0)
        _____;
    else if(k==0)
        _____;
}
void main()
{   int k=10;
```

```
        printf("%d!=%ld\n", k, fun(k));
    }
```

10. 编写函数 int fibonacci(int n),计算并返回斐波那契数列的第 n 项的值。

如果有一个数列,前两项分别为 1、1,从第三项开始,每一项都是其相邻前两项之和,这个数列被称为斐波那契数列。如:1、1、2、3、5、8、13、21 是斐波那契数列的前 8 项。

本题要求采用递归函数设计的方法设计和编写斐波那契函数。

11. 著名的汉诺塔游戏源于古老的印度传说。传说有三根金刚石柱子 A、B、C。在柱 A上,从下往上按从大到小的顺序摆着 64 片黄金圆盘。需要将柱 A 的黄金圆盘全部移动到柱 C。要求每次只能移动一个圆盘,在移动过程中,始终要保持大盘在下,小盘在上。移动过程中可以借助柱 B 来摆放盘子。请用递归函数设计的方法编写函数 void hanoi(int n),函数可以模拟汉诺塔的移动过程,其参数 n 为盘子的总数。

4.8.4　实验结果

提交实验结果,包括以下内容。

1. 基础练习的源程序。
2. 进阶练习的源程序。
3. 程序调试中出现的主要错误提示。
4. 记录程序调试过程中的主要问题,分析原因及解决方案。

4.9　数组、指针与函数综合

4.9.1　实验目的

1. 灵活使用指针变量,编写以指针变量作为函数参数的函数。
2. 灵活运用指向数组的指针作为函数参数,实现参数之间的数据共享。
3. 灵活运用指向字符串的指针作为函数参数。
4. 熟练编写具有嵌套调用结构的程序。
5. 熟练使用指针访问二维数组。
6. 掌握多级指针的定义、使用方法。

4.9.2　基础练习

1. 编写函数 void maxmin(int * data, int * max, int * min, int len),查找并返回数组 data 的最大值和最小值。参数说明如下。

(1) data:整型数组 data 的首地址。

(2) max、min:将最大值、最小值分别保存在 * max、* min 中。

(3) len:数组 data 中有效元素的个数。

2. 编写函数 int count(char * string),统计字符串 string 中有多少个字母,返回统计的结果数。参数说明如下。

(1) string:被统计的字符串的首地址。

（2）函数返回值：返回字母的个数。

3. 定义一维整型数组 data（数组长度不大于 1024），并初始化 len 个元素值。编写函数，删除 data 中指定的元素 n（假设所有元素值唯一）。建议函数原型为 int del(int * data, int n, int len)，参数说明如下。

（1）data：整型数组 data 的首地址。

（2）n：需要被删除的元素。

（3）len：数组 data 中有效元素的个数。

（4）函数返回值：删除 n 之后 data 中有效元素的个数。

4. 定义一维整型数组 data（数组长度不大于 1024），并初始化 len 个元素值。编写函数，在 data 中查询指定元素（假设所有元素值唯一）。建议函数原型为 int search(int * data, int n, int len)，参数说明如下。

（1）data：整型数组 data 的首地址。

（2）n：被查询的元素值。

（3）len：数组 data 中有效元素的个数。

（4）函数返回值：如果找到 n，返回其在 data 中的下标；否则返回−1。

5. 定义一维字符数组 string（数组长度不大于 1024）。编写函数，删除数组中指定的字符（假设所有元素值唯一）。建议函数原型为 void delch(char * string)，参数说明如下。

string：字符数组 string 的首地址。

6. 定义一维字符数组 string（数组长度不大于 1024）。编写函数，在数组中查询指定的字符（假设所有元素值唯一）。建议函数原型为 int searchch(char * string, char ch)，参数说明如下。

（1）string：字符数组 data 的首地址。

（2）ch：被查询的字符。

（3）函数返回值：如果找到 ch，返回其在 string 中的下标；否则返回−1。

7. 定义一维整型数组 data（数组长度不大于 1024），并初始化 len 个元素值。将 data 中的整数按输入时的顺序逆序存放。建议函数原型为 void reverse(int * data, int len)，参数说明如下。

（1）data：整型数组 data 的首地址。

（2）len：数组 data 中有效元素的个数。

8. 输入一个整数字符串到字符数组 string 中，将这个整数字符串转换为一个整数，如输入−1234，将其转换为−1234。建议函数原型为 int changeS(char * string)，参数说明如下。

（1）string：字符串的首地址。

（2）函数返回值：返回转换后得到的整数。

9. 定义一维整型数组 data（数组长度不大于 1024），并初始化 len 个元素值。编写函数，将 data 中的最小值与第一个元素交换，把最大值与最后一个数交换。建议函数原型为 void swap(int * data, int len)，参数说明如下。

（1）data：数组 data 的首地址。

（2）len：数组 data 中有效元素的个数。

10. 阅读以下程序,分析其作用,学习其编程方法。

```
void strsort(char * s[], int n)
{   int i, j, k;
    char * temp=NULL;
    for(i=0;i<n-1;i++)
    {   k=i;
        for(j=i+1;j<n;j++)
            if(strcmp(s[j], s[k])<0)
                k=j;
            if(k!=i)
            {
                temp=s[i];s[i]=s[k];s[k]=temp;
            }
    }
}
void main()
{   char * s[10], * * p=NULL;
    int i;
    for(i=0;i<10;i++)  gets(s[i]);
    strsort(s, 10);
    p=s;
    for(i=0;i<10;i++)  printf("%s\n", * p++);
}
```

11. 有两个字符串 s1、s2,判断 s2 是否被包含在 s1 中。编写函数 char * strin(char * s1,char * s2),参数说明如下。

(1) s1、s2:两个字符串的首地址。

(2) 函数返回值:如果 s2 被包含在 s1 中,函数返回 s2 在 s1 中的起始地址;否则返回 0。

12. 定义一维字符数组 string(数组长度不大于 1024)。输入字符串到数组 string 中,编写函数,把 string 中的小写字母转换成大写字母。建议函数原型为 void change(char * string),参数说明如下。

string:字符串的首地址。

13. 定义一维字符数组 string(数组长度不大于 1024)。输入一个字符串到 string 中,编写函数,计算输入的字符串的长度(不能用 strlen 函数)。建议函数原型为 int stringlen(char * string),参数说明如下。

(1) string:字符串的首地址。

(2) 函数返回值:输入的字符串中字符的个数。

4.9.3 进阶练习

1. 有如下函数:strcpy(char * to,char * from)。将字符串 from 复制到字符串 to。将函数补充完整,并实现在主程序中的调用。

```
void strcpy(char * to, char * from)
{ while(_____);  }
```

2. 有如下函数：merge(int a[],int n,int b[],int m,int * c),是将两个从小到大有序
数组 a 和 b 复制合并出一个有序整数序列 c,其中形参 *n* 和 *m* 分别是数组 a 和 b 的元素个
数。将函数补充完整,并实现在主程序序中的调用。

```
void merge(int a[], int n, int b[], int m, int * c)
{   int i, j;
    for(i=j=0;i<n&&j<m;)
        * c++=a[i]<b[j]? a[i++]:b[j++];
    while(_____) * c++=a[i++];
    while(_____) * c++=b[j++];
}
```

3. 有一个字符串,包含 $n(n \leqslant 1024)$ 个字符。编写函数,将此字符串中从第 *m* 个字符开
始的全部字符复制到另一个字符串。建议函数原型为 void mstrcpy(char * src,char *
des,int m),参数说明如下。

(1) src：源字符串的首地址。

(2) des：目标字符串的首地址。

(3) m：复制的起始位置。

4. 分别用行指针和列指针法寻找 3×4 矩阵中的最大值。建议函数原型如下。

(1) int FindMax(int(* data)[]);   //行指针法,参数说明如下。

int(* data)[]：矩阵 data 的行地址。

(2) int FindMax(int * data);   //列指针法,参数说明如下。

int * data：矩阵 data 的第 0 行第 0 列的地址。

5. 编写函数,实现 5 阶整型方阵的转置(即将矩阵第 *i* 行 *j* 列与第 *j* 行 *i* 列元素互换)。
建议函数原型为 void minvert(int(* matrix)[5]),参数说明如下。

matrix：矩阵 matrix 的首行地址。

6. 编写函数,对具有 *n* 个整数的一维数组(数组长度不大于 1024)中的元素进行重新排
列,将奇数序号的放在数组的前面,偶数序号的放在数组的后面。例如：a[4]={1,2,3,4},
排列后为：a[4]={1,3,2,4}。建议函数原型为 void dresort(int * data,int len),参数说明
如下。

(1) data：数组的首地址。

(2) len：数组有效元素的个数。

7. 编写函数,将一个 5×5 整数矩阵 *m* 中最大的数放在中心位置,4 个角分别放上 4 个
最小的元素(顺序为从左到右,从上往下,依次从小到大存放)。建议函数原型为 void
change(int(* m)[5]),参数说明如下。

m：矩阵的行地址。

8. 输入 10 个学生 5 门课程的成绩,分别编写函数求以下内容。

(1) 每个学生的平均分。建议函数原型为 void stuave(float(* score)[5],float ave
[10],int n),参数说明如下。

① score：成绩矩阵的行地址。

② ave：学生平均分数组的首地址。

③ n：学生人数。

（2）找出最高分（假定最高分唯一）所对应的学生编号和课程编号。建议函数原型为 void mscore(float(* score)[5],int * s,int * c)，参数说明如下。

① score：成绩矩阵的行地址。

② s：存储找到的学生编号（用下标表示）。

③ c：存储找到的课程编号（用下标表示）。

9. 编写函数，对 n 个字符串（$n \leqslant 100$，每个字符串长度不大于 1024）进行排序，建议函数原型为 void sorts(char * (string[1024]),int n)，参数说明如下。

（1）string：n 个字符串的首地址。

（2）n：字符串的个数。

10. 编写函数，将一个字符串中连续的数字字符拼接成整数，分别存放到一个数组中，并统计该字符串中包含的整数个数。例如：字符串"d43we56hes 5 897^&9kl"中有 5 个整数：43、56、5、897、9。建议函数原型为 int fnums(char * str, int * num)，参数说明如下。

（1）str：字符串的首地址。

（2）num：找到的一组整数的首地址。

（3）返回值：返回找到的整数的个数。

11. 编写函数，比较两个字符串（串长度不大于 1024）是否相同。建议函数原型为 int scmp(char * p1,char * p2)，参数说明如下。

（1）p1、p2：被比较的两个字符串的首地址。

（2）返回值：如果两个字符串相等，返回 0；如果两个字符串不相等，则返回第一个不同字符的 ASCII 码的差值。例如："asd"和"awe"的第二个字符不同，则函数返回：'s'-'w'= 115-119= -4。

12. 以下程序用指针数组编程实现：输入月份号，输出该月的英文名。例如：输入数字 4，输出显示"April"。阅读程序并填空。

```
//字符指针数组，用于存放月份的英文单词
char * pMonth[12]={{"January"},{"February"},{"March"},{"April"},{"May"},
{"June"},{"July"},{"August"},{"September"},{"October"},{"November"},
{"December"}},
void main()
{
    While(1)                           //无限循环月份输入
    {   printf("请输入月份数字(非法月份自动退出):\n\t");
        int nMonth;
        scanf("%d",&nMonth);
        if(nMonth<1 || nMonth>12)         //非法月份输入,退出循环
            break;
        printf("\t%s\n",_____);  //显示数字对应的单词
    }
}
```

13. 30 名旅客同乘一条船,因严重超载加上风高浪大,情况危险万分。船长告诉乘客,只有将一半的旅客投入海中,其余人才能幸免。于是 30 人坐成一圈,从 1 开始依次编号,从第 1 人开始依次报数,将数到 9 的人投入海中,下一个人重新从 1 开始报数;如此反复,直到船上剩下 15 个人为止。这就是著名的"约瑟夫生者死者"问题。编写函数,判断乘客应坐在哪些位置,才能不被投入海中。建议函数原型为 void josephu(int * people),参数说明如下。

people:全部乘客编号的首地址。

14. 编写函数,对任意一个整数 $x(1 \leqslant x \leqslant 100)$,找出其所有偶数因子。建议函数原型为 int fact(int x, int * f),参数说明如下。

(1) x:任意满足条件的整数。

(2) f:x 的偶数因子的首地址。

(3) 返回值:偶数因子的个数。

15. 编写函数,将一个整数序列(序列长度不超过 1024)中的 0 元素移到最后,其余非 0 元素按原次序依次向前移动。例如,整数序列为{1,0,9,0,5,7,6,0,5},转换后为{1,9,5,7,6,5,0,0,0}。建议函数原型为 void zprocess(int * data, int len),参数说明如下。

(1) data:整数序列的首地址。

(2) len:序列中整数的个数。

16. 编写函数,找出一个字符串(字符串长度≤1024)中所有的单词。假定一个单词是一串字母,不包含字母以外的任何其他符号。例如,字符串"1234word?_12number_+_234"中包含的单词分别是"word""number"。建议函数原型为 int fwords(char * string, char(* words)[1024]),参数说明如下。

(1) string:字符串的首地址。

(2) words:找到的多个单词串中第一个串的地址。

(3) 返回值:返回找到的单词个数。

17. 编写函数,实现两个字符串(字符串长度不大于 1024)的连接。不要直接调用 strcat 函数。建议函数原型为 void stringcat(char * str1, char * str2),参数说明如下。

str1、str2:两个字符串的首地址。将字符串 str2 连接到 str1 的末尾,形成一个新字符串。

18. 编写函数,将一个字符串(字符串长度不大于 1024)反序,建议函数原型为 void stringvert(char * str),参数说明如下。

str:被反序的字符串的首地址。

19. 编写函数,将一个字符串(字符串长度不大于 1024)中的元音字母全部复制到另一字符串中。建议函数原型为 void svowel(char * s1, char * s2),参数说明如下。

(1) s1:源字符串。

(2) s2:目标字符串(元音字母复制到目标字符串)。

20. 编写函数,分别统计任意字符串(字符串长度不大于 1024)中的英文字母、数字字符、空格和其他字符的个数。建议函数原型为 void strsta (char * string, int * num),参数说明如下。

（1）string：字符串的首地址。

（2）num：统计结果数组的首地址。num[0]、num[1]、num[2]、num[3]分别存放英文字母、数字字符、空格和其他字符的个数。

21. 编写函数，找出一个英文句子（带空格的字符串，字符串长度不大于1024）中最长单词的位置（假定最长的单词是唯一的）。建议函数原型为 void wpos(char * string, int * begin, int * end)，参数说明如下。

（1）string：字符串的首地址。

（2）begin、end：单词在字符串中的开始、结束位置。

22. 编写函数，对10个同学的学号（长度不大于11）由小到大进行排序。假定学号格式为"11703990101"。建议函数原型为 void sortno(char(* stuno)[11], int n)，参数说明如下。

（1）stuno：若干个学号字符串的首地址。

（2）n：待排序的学号个数。

23. 编写函数，找出10个同学的学号（长度不大于11）中指定的学号所处的位置。假定学号格式为"11703990101"。建议函数原型为 int searchno(char(* stuno)[11], char * no, int n)，参数说明如下。

（1）stuno：若干个学号字符串的首地址。

（2）no：待查找的学号。

（3）n：学号个数。

（4）返回值：如果找到指定的学号，返回其下标；否则返回−1。

4.9.4　实验结果

提交实验结果，包括如下内容。

1. 基础练习的源程序。

2. 进阶练习的源程序。

3. 程序调试中出现的主要错误提示。

4. 记录程序调试过程中的主要问题，分析原因及解决方案。

4.10　结　构　体

4.10.1　实验目的

1. 掌握结构类型变量的定义和使用方法，掌握成员运算符的操作方法。

2. 掌握使用指向结构体的指针对结构体成员进行操作的方法。

3. 掌握结构体数组的定义和使用方法。

4. 灵活使用结构体类型的指针访问结构体数组元素。

5. 理解链表的概念及物理结构，掌握链表的创建、添加、删除、修改等基本操作。

4.10.2 基础练习

1. 编写程序,将表 4-2 中的数据赋予结构体变量,并输出。

表 4-2 基础数据

姓 名	年 龄	月 薪
李明	25	2500
王利	22	2300
赵勇	30	3000

2. 有 5 个学生,每个学生的数据包括学号、姓名和 3 门课的成绩。从键盘输入 5 个学生的相关数据,要求打印出这 3 门课的总平均成绩以及最高分的学生的数据(包括学号、姓名、3 门课的成绩、3 门课的平均分)。要求使用结构体变量。

3. 编写一个程序,创建一个含有两个成员的结构类型,要求如下。

第一成员是社保号码,第二成员是一个含 2 个成员的结构。它的第一成员是名字,第二成员是出生年。创建并初始化一个数组,数组中含有 5 个上述类型的结构体。程序用下列形式输出数据。

302039823 John 1985
302039776 Alice 2000

要求写一个函数来实现输出,把结构数组传递给函数。

4. 编写程序,提示用户输入当前的年、月和日,把输入的数据保存到一个恰当定义的结构体中,并用一种恰当的方式显示数据。

5. 定义结构类型,记录股票的信息,包括股票名称、每股预估收益、预估的股价收益比。编写程序,提示用户输入 5 支不同的股票项,程序根据输入的预估的收益和股价收益比计算并显示预期的股票价格。例如,如果用户输入 XYZ 1.56 12,则 XYZ 股票的每股预期价格是 $1.56 * 12 = 18.72$ 元。

4.10.3 进阶练习

1. 分别为下列记录定义结构类型,练习在主函数中初始化数据,再输出这些记录中的数据信息。

(1) 由学生的学号、完成的学分、累积成绩分数、平均值组成的学生记录。

(2) 由学生的姓名、出生日期、完成的学分数、累积成绩分数、平均值组成的学生记录。

(3) 由人名、地址(包括街道、城市、国家和邮编)组成的邮件发送清单。

(4) 由股票名称、股票价格、购买日期组成的股票记录。

(5) 由整型零件号码、零件名称、库存量、记录员编号(整型)组成的库存记录。

2. 编写程序,接收用户输入的时间,程序计算并显示 1 分钟后的时间。用户输入的时间格式为 18 09,表示时间为 18:09,程序应输出:18 10。

3. 定义一个结构数组,包含 5 个结构体。这个数组用于保存一个码头中已经停靠的小船的数据,小船数据包括名称、小船行驶证号、小船长度、当前停靠的码头号。在主函数中通过键盘输入靠岸的小船的信息,然后将这些小船的信息输出到屏幕上。

4. 使用以下声明定义 12 个类型为 MonthDays 的结构。

```
struct MonthDays
{   char name[10];
    int days;
};
```

命名这个数组为 conver[],并用一年中 12 个月份的名称和每个月中的天数初始化这个数组。接收来自一个用户的数字形式的月份,显示这个月份的名称和这个月份的天数。比如,如果输入的是 3,则程序应该显示"March has 31 days"(三月份有 31 天)。

5. 定义一个雇员信息的结构数组,雇员信息如表 4-3 所示。一个雇员信息包括整型识别号、姓名(长度不超过 20 个字符)、浮点型的工资率、浮点型的已工作小时数。输入下面的数据到结构数组中,程序输出每个雇员的识别号、姓名和总工资的工资报表。

表 4-3　雇员信息表

识别号	姓名	工资率	已工作小时数
3462	Jones	4.62	40.0
6793	Robbins	5.83	38.5
6985	Smith	5.22	45.5
7834	Swain	6.89	40.4
8867	Timmins	6.43	35.5
9002	Williams	4.75	42.0

6. 定义一个结构类型,记录汽车的信息,汽车信息如表 4-4 所示。一辆汽车信息包括汽车车牌号码(整型)、该辆汽车已行驶英里数(整型)、该辆汽车已消耗的燃料加仑数(整型)。编写程序,输入下面的数据到结构数组中。输入数据后,程序创建并输出一个报表,输出每辆汽车的车牌号、汽车实际的每百英里消耗的燃料加仑数。

表 4-4　汽车信息表

汽车车牌号	行驶的英里数	消耗的燃料加仑数
25	1450	62
36	3240	136
44	1792	76
52	2360	105
68	2114	67

7. 定义一个职工信息结构数组(长度不大于 100),其中每个职工信息包含职工号(整型)、职工工资(浮点型)。输入若干个职工信息到数组中。再根据职工的工资,对结构数组进行从小到大的排序,输出排序后的职工信息。

8. 编写函数,判断任意日期自 1900 年 1 月 1 日起的天数。建议函数原型为 int days

（struct Date date）。其中，结构类型定义如下。

```
struct Date
{   int year;
    int month;
    int day;
};
```

函数参数说明如下。

（1）date：输入的日期，为结构类型。

（2）返回值：计算的天数。例如，输入日期 1900 1 5，计算并返回 5。

9. 编写函数，计算并返回两个日期之间相差的天数。建议函数原型为 int difdays（struct Date date1，struct Date date2），其中日期结构类型定义如下。

```
struct Date
{   int year;
    int month;
    int day;
};
```

函数参数说明如下。

（1）date1、date2：输入的日期，为结构类型。

（2）返回值：date1 和 date2 之间相差的天数。例如，输入 1900 1 1，1900 1 5，计算并返回 4。

10. 编写函数，找出任意两个日期中靠后的日期。例如：

对两个日期：2001 10 9 和 2001 11 3，函数返回第二个日期：2001 11 3。

建议函数原型为 struct Date larger（struct Date d1，struct Date d2），其中日期结构类型定义如下。

```
struct Date
{   int year;
    int month;
    int day;
};
```

函数参数说明如下。

（1）d1、d2：输入的日期，为结构类型。

（2）返回值：返回较大日期对应的结构体。

4.10.4　实验结果

提交实验结果，包括如下内容。

1. 基础练习的源程序。

2. 进阶练习的源程序。

3. 程序调试中出现的主要错误提示。

4. 记录程序调试过程中的主要问题，分析原因及解决方案。

4.11 文 件

4.11.1 实验目的

1. 掌握文件的基本概念,掌握文件指针的定义和使用方法。
2. 掌握文件的基本操作步骤。
3. 学会使用打开、关闭、读、写等基本文件操作的函数。

4.11.2 基础练习

1. 阅读下面的程序,分析其执行后文件 filetest. txt 中的内容是什么。

```
void fun(char * fname, char * st)
{    FILE * myf;
    int i;
    myf=fopen(fname, "w");
    if(st==NULL)
        return;
    for(i=0;i<(strlen(st));i++)
        fputc(st[i], myf);
    fclose(myf);
}
void main()
{    fun("filetest", "new world");
    fun("filetest", "hello!");
}
```

2. 在以下程序中,用户由键盘输入一个文件名,然后输入一串字符(用♯结束输入)存放到此文件中,形成文本文件,并将字符的个数写到文件尾部,请填空。

```
#include <stdio.h>
void main()
{    FILE * fp;
    char ch, fname[32];
    int count=0;
    printf("Input the filename:");
    scanf("%s", fname);
    if((fp=fopen(_____, "w+"))==NULL)
    {
        printf("Can't open file:%s\n", fname);
        exit(0);
    }
    printf("Enter data:\n");
    while((ch=getchar())!='#')
    {    fputc(ch, fp);
```

```
        count++;
    }
    fprintf(_____, "\n%d\n", count);
    fcolse(fp);
}
```

3. 从键盘输入一个字符串,将其中的小写字母全部转换成大写字母,然后输出到一个磁盘文件 test. dat 中保存,再从该文件中读出字符串,并显示出来。

4. 有 5 个学生,每个学生有 3 门课的成绩,从键盘输入数据(包括学号、姓名、3 门课的成绩),计算出平均成绩,将计算出的平均分存放在磁盘文件 stu. dat 中。

5. 编写程序,生成 10000 个随机整数,并将其保存到磁盘文件 test. txt 中。再从文件 test. txt 中读入这些整数到内存中,对其进行排序,将排序后的结果输出到文件 dat. txt 中。

4.11.3　进阶练习

1. 阅读下列程序说明和程序,并填空。

本程序找出正文文件 st. dat 中的所有整数。在该正文文件中,各整数间以空格字符、Tab 键(制表符)、回车符分隔。程序中用数组 b 存储不同的整数,变量 k 为已存入数组 b 中的不同整数的个数,并假定文件中的不同整数个数不超过 1000 个。程序如下。

```
#define N 1000
void main()
{
    FILE _____;
    int b[N], d, i, k;
    if((fpt=_____==NULL){
        printf("Can not open file st.dat.\n");
        return;
    }
    k=0;
    while(fscanf(_____)==1)
    {
        b[k]=d;
        for(i=0;b[i]!=d;i++);
        if(_____)  k++;
    }
    _____;
    for(i=0;i<k;i++)
        printf("%d", b[i]);
    printf("\n");
}
```

2. 编写程序,将任意数目的字符写入文件中,由键盘输入字符串。

3. 编写程序,输入 10 条通信录信息,每条信息包括姓名、电话号码。将这 10 条通信录信息写入一个文件。如果这个文件不存在,就写入一个新文件。如果文件存在,就将它追加到该文件的尾部。

4. 编写程序,从键盘输入若干行文本,将输入的每一行文本写入名为 text.txt 的文本文件中,输入♯时停止输入(♯不写入文件)。建议使用 gets()和 fputs()函数。

5. 编写程序,读取第 4 题创建的 text.txt 文件,在屏幕上输出文件中所有的文本信息。

6. 用记事本创建一个文本文件 emloy.txt,其中包含表 4-5 所示数据。编写程序,读取 emloy.txt 文件的内容到结构体数组中,然后将结构体数组的信息输出到屏幕。

表 4-5　原始数据表

Anthony	A. J.	10031	7.82	62/12/18
Burrows	W. K.	10067	9.14	63/6/9
Fain	B. D.	10083	8.79	59/5/18
Janney	P.	10095	10.57	62/9/28
Smith	G. J.	10105	8.50	91/12/20

7. 编写程序,打开一个文本文件,读取并输出文件的所有内容,输出时,给每一行加上行号。即程序在文件的第一行前面输出 1,在第二行的前面输出 2,等等。

8. 用记事本创建一个文本文件,包含表 4-6 所列信息:零件号、初始数量、售出数量、最小库存数。

表 4-6　基本信息表

零件号	初始数量	售出数量	最小库存数
QA310	95	47	50
CM145	320	162	200
MS514	34	20	25
EN212	163	150	160

编写程序,读取以上文件中的数据到结构体数组中,计算并输出零件号、当前的库存数量、使库存数量达到最低标准所必须增加的数量,输出到屏幕。

9. 已知文件中包含如下数据:

5　96　87　78　93　21　4　92　82　85　87　6　72　69　85　75　81　73

编写程序,从文件中读取上述数据,同时计算并显示以上数据每一组数的平均数。

上述数据的格式是:表示每组数目的数放在该组数的前面。例如,第一个数 5,表示接下来的 5 个数将被分组在一起;接下来的 4,表示其后的 4 个数是一组;而 6 表示最后的 6 个数是一组。

10. 编写程序,读取和显示一个名为 text.txt 文本文件中每隔一个字符的字符。例如,文件中的数据为 abcdefghij,则程序输出:acegi。

11. 编写程序,把数 92.65、88.72、77.46、82.93 作为双精度值写入名为 results.bin 的二进制文件中。然后程序再从 results.bin 中读取数据,计算并显示读取的这 4 个数的平均值。

12. 编写程序,创建名为 points.bin 的二进制文件,将下列数据写入文件中。

6.3	8.2	18.25	24.32
4.0	4.0	10.0	−5.0
−2.0	5.0	4.0	5.0

打开文件 points.bin,读取上述数据。将每行作为一条记录,其中第一个数、第二个数是第 1 个点的坐标,第三个数、第四个数是第 2 个点的坐标,程序计算并在屏幕输出每一对点的斜率和中点。

13. 编写程序,创建一个名为 grades.bin 的二进制文件,将下列 5 行数据写入文件。

90.3	92.7	90.3	99.8
85.3	90.5	87.3	90.8
93.2	88.4	93.8	75.6
82.4	95.6	78.2	90.0
93.5	80.2	92.9	94.4

打开文件 grades.bin,读取出每一行的 4 个数据(分数),程序计算并显示每一组分数的平均值。

4.11.4 实验结果

提交实验结果,包括如下内容。

1. 基础练习的源程序。
2. 进阶练习的源程序。
3. 程序调试中出现的主要错误提示。
4. 记录程序调试过程中的主要问题,分析原因及解决方案。

4.12 综合实验

4.12.1 实验目的

1. 熟练运用结构化程序设计方法编写具有复杂结构的程序。
2. 熟练运用 C 语言解决较复杂的数据处理问题。
3. 熟练操作 C 语言的复杂数据类型。
4. 熟练进行文件读、写操作。

4.12.2 基础练习

化学实验室一共有 3 套仪器。学生可以使用任意一套去完成实验。做完一个实验后,如果下次仍使用原用的仪器,就必须对该仪器的某些部分进行清洗,这需要花费一段时间。如果下次换用另一套仪器,则要把原来使用的仪器从装置上拆卸下来,再装上换用的一套仪器,这也要花费一段时间。假定一次实验的时间比清洗任意一套仪器的时间都长,那么换下来一套仪器后,就可以在实验过程中清洗,以备下一次实验时使用,这样做相当于节省了清洗时间。在表 4-7 中,假设 $t_{ij}(i \neq j)$ 表示第 i 套仪器换成第 j 套仪器所需的时间;当 $i=j$ 时,

t_{ij}表示清洗第 i 套仪器所需的时间。

表 4-7 仪器清洗时间表

i \ j	1	2	3
1	10	9	14
2	9	12	10
3	6	5	8

如果现在要做 5 次实验,学生应该如何安排使用仪器的顺序,才能使从第一次实验开始后,到最后一个实验完成之间,花费的仪器清洗和仪器更换总时间最少?

4.12.3 进阶练习

1. 密码程序。在程序中预设一个密码,用户通过键盘输一个密码,如果输入的密码与程序中预设的一致,则显示 Welcome!。

要求:

(1) 应关闭密码屏幕回显。当用户输入密码时,屏幕应不回显字符,或者显示“﹡”号字符。

(2) 限制密码输入次数。如果用户输入的密码超过限定次数,如 3 次,则在 3 次都不正确输入后退出程序。

2. 数据分析:数据分析包括许多种情况,如排序、筛选出符合条件的数据等。

(1) 在磁盘文件中预存 1×10^5 个 4 位随机整数。

(2) 读取磁盘文件的数据,统计并输出千位与个位相等的四位数有多少个。

(3) 在每一个偶数的后面插入一个整数 0,保存并更新原数据文件。

3. 定义一个结构体节点。

```
struct TeleType
{
    char name[30];
    char phoneNum[15];
    struct TeleType * nextAddr;
};
```

在主函数中定义 3 个结构体变量,用单链表存储它们,记录头节点。设计一个函数,输出该单链表的数据。

4. 用 malloc 动态分配内存的方法改造第 3 题,使得可以通过键盘输入任意多个节点,并将这些节点连接成单链表(自己定义输入节点停止的方式)。单独设计函数,用于输出单链表的数据信息。另外再设计一个函数,用于释放单链表中动态申请的内存空间,并在主函数退出的时候调用该函数。

5. 已知单链表数据节点的参考定义如下。

struct node

```
{    char data[64];
     struct node * next;
};
```

设计并编码实现如下单链表的操作。

（1）设计函数 createlist，用于建立一个带头节点的单链表。

① 链表的新节点总是插入在链表的末尾。

② 链表的头指针作为函数值返回。

③ 链表最后一个节点的 next 域放入 NULL，作为链表结束标志。

（2）设计函数 prn，输出链表全部的数据信息。

（3）设计函数 first_insert：在链表的第一个数据节点前插入新的数据节点。

（4）设计函数 reverse_copy：将已知链表复制到另外一个新链表，但新链表的节点顺序与源链表的节点顺序相反。

（5）设计函数 free_link()：释放链表的全部数据空间。

（6）设计函数 countstr：从键盘上输入一个字符串，通过函数 countstr 统计并返回该字符串在链表中出现的次数。

在主函数中合理调用以上设计好的函数，验证这些函数功能的正确性。

4.12.4 实验结果

提交实验结果，包括如下内容。

1. 基础练习的源程序。

2. 进阶练习的源程序。

3. 程序调试中出现的主要错误提示。

4. 记录程序调试过程中的主要问题，分析原因及解决方案。

下篇 课程设计

程序设计基础课程设计是一门独立实验课程,也是程序设计基础课程的综合实践环节。课程为 1 个学分,要求学生在课内至少完成 16 学时的上机实验。

第 1 章 课程设计的目的

(1) 培养综合运用 C 语言的能力,使学生能够灵活运用结构化程序设计方法,熟练运用常用的程序设计、编写、调试技术,熟练操作 C 语言的各种数据类型,解决具有复杂数据类型、复杂程序框架、有一定实用性的问题。

(2) 培养独立分析问题的能力,使学生能够针对问题的需求独立分析并提出合理的解决方案,能够论证解决方案的可行性,并从多种解决方案中寻找较优解。

(3) 培养学生解决问题的能力,使学生能够按照所提出的解决方案进行算法设计、编码、调试及运行,解决前述各环节中出现的问题,并对实验结果进行记录、分析和总结。

(4) 培养良好的工作作风,使学生以认真、求实、严谨的工作作风开展课程设计的编码、文档编写、答辩,自觉保护个人及他人知识产权,避免抄袭算法、代码、文档等学术造假行为。

(5) 培养良好的程序设计习惯,包括代码格式、命名规范等;培养良好的文档编写能力,包括课程设计报告的文字表达、排版、图表制作等。

(6) 培养良好的表达、沟通能力,使学生能够熟练地与同学、教师就课程设计中的问题进行交流,并在答辩环节清晰、准确、流畅地表达个人见解。

(7) 通过课程设计,发掘、发现各类学生的特点,为不同特点的学生指明今后努力的方向。

第 2 章　课程设计流程

课程设计包括课内 16 个学时以及课外自学时间若干。课内实验的具体时间、地点由任课教师安排。课内 16 个学时分 4 个阶段实施,一般包括如下内容。

(1) 选题。根据本书附录 C 的"课程设计备选题目"进行选题。分别从"基础类/算法类""字符串类""管理系统类"三类题目中选择至少一题,每个学生总计应完成至少 3 个题目。将所选题目报班级学习委员,由学习委员将选题表报任课教师。教师可对选题情况进行微调,原则是保证所有"课程设计备选题目"都被选中,同时严格控制各题目被重复选中的人数比例。

(2) 分组讨论。选中相同"字符串类"或"管理系统类"题目的学生,开展分组讨论。教师组织并参与讨论,进一步明确、细化问题需求。对问题的重点、难点进行分析,提出解决方案并论证其合理性。

(3) 开展课程设计实践。

(4) 学生提交文档,教师组织课程设计答辩及检查。

学生完成课程设计后,由教师统一收取课程设计文档,并安排统一检查,检查形式如下。

- 申优学生集中答辩。
- 未申优学生集中检查。
- 批阅课程设计文档。

第3章 考核办法

课程设计的考核,可包含下述3部分内容。

(1) 源程序及运行结果:课程设计结束后,组织申优答辩和集中检查。由教师检查系统的运行情况,并就代码编写、程序结构、算法设计等方面的问题与学生进行面对面问答。根据学生的回答情况、系统演示情况、题目难度等指标进行综合评价,该评价成绩计入课程设计总成绩。

(2) 课程设计文档:学生应提交全套源程序代码及课程设计(纸质)报告(格式见附录B)。

如果课程设计是分组进行的,则同组学生应对所设计功能模块进行明确分工。答辩时,学生只针对自己的设计及编码工作进行问答。对完成工作量不够的学生,认为总成绩不及格。

(3) 考勤情况:在课程设计期间,学生应保证按预定时间、地点到课堂参加上机实践。

成绩的评定将综合上述3方面进行,最终成绩等级包括优、良、中、及格、不及格。不及格的学生将不能得到学分,需重修"程序设计基础课程设计"课程。

若课程设计中出现两组相同的源代码,两组均以不及格计算。

第4章 应提交的资料

　　课程设计结束时,学生应提交相关资料存档。具体提交时间、提交方式由任课教师安排。

　　应提交的资料包括如下内容。

　　(1) 打印的课程设计报告一份。

　　(2) 每个学生的源程序代码、课程设计报告的电子档一份,以班级为单位刻录光盘、提交。

第 5 章　选 题 须 知

本书附录 C 中提供课程设计备选题目,在课程设计开始前,由教师组织进行选题。

备选题目包括 3 类,分别是"基础类/算法类""字符串类""管理系统类"。

(1) 基础类/算法类:简单数据类型、复杂数据类型的基本操作。此类题目一般无须构建复杂的程序框架,只需按要求实现功能即可。部分题目需构建简单的菜单,进行功能调用。

(2) 字符串类:复杂数据类型操作、文件操作。此类问题主要针对字符串的小型应用问题,一般需构建简单的菜单,以进行功能调用。其中,数据存储可采用结构数组或链表,大部分题目需进行文件读、写操作。设计者应结合题目需求自行选择适当的存储结构,实现题目功能。

(3) 管理系统类:复杂数据类型操作、复杂程序框架构建、文件操作。此类问题主要针对小型应用问题,实现数据的基本管理(增、删、查、改)以及特定的应用功能。本类题目的主要数据要求必须采用链式存储,并且全部题目均需实现文件读、写操作。

管理系统类的每个题目均有"任务描述""功能要求",部分题目有"设计提示"。

(1)任务描述:对问题的设计目标进行了概要描述。

(2)功能要求:对问题的具体功能进行描述。注意,本书只描述问题的基本功能或建议实现的功能。选题者可根据自身对问题的理解,通过查阅资料和分组讨论,对"功能要求"进行进一步明确、细化、补充和完善,或对部分功能进行微调。

(3)设计提示:对部分问题的设计思路进行简要提示。

本书对各备选题目提供了参考难度系数,从低到高分别为 2 级、3 级、4 级、5 级。该难度系数仅供选题者参考,实际难度系数依赖于选题者对题目的详细功能设计情况。

附录 A　C 语言常用调试技巧

A.1　C 语言编程的特点

由于 C 语言具有功能强、使用灵活方便的特点,因此得到广泛的应用。C 语言是一种表达式语言,利用标准库函数和用户自己设计的函数可以完成许多功能。如果善于利用已有的函数,可以使程序设计易于模块化。一个有丰富经验的 C 语言程序设计人员可以编写出能解决相当复杂的问题、运行效率高、占用内存少的高质量程序。但是,C 语言的"灵活"使得初学者难以驾驭,往往会遇到出了错却找不出错误在哪里的情况。

C 编译系统对语法的检查不如其他的高级语言严格,因此,很多时候需要由程序设计人员设法保证程序的正确性。调试 C 语言程序要比调试其他高级语言程序显得更困难,需要学习者不断积累经验,提高程序设计和程序调试的水平。

A.2　C 语言编译的常见错误

A.2.1　源程序错误信息分类

C 语言编译程序检查源程序错误信息一般分为 3 类,即灾难性错误、一般性错误、警告。

(1) 灾难性错误:通常指内部编译错误。当灾难性错误发生时,编译系统会立即停止编译,必须采取适当的措施,并重新启动编译系统。

(2) 一般性错误:指程序的语法错误,如磁盘、存储器的存取访问错误,命令行出错等。此时编译程序将完成现阶段的编译,然后停止。编译程序会在预处理、语法分析、程序优化和代码生成等各阶段尽可能多地发现源程序中的错误。

(3) 警告。警告并不会影响编译的进行。通常警告会指出一些值得怀疑的情况,这些情况本身作为程序的一部分是合理的。另外,一旦源程序中使用与机器有关的结构,编译程序也将产生警告。

出现上述错误信息时,编译程序首先输出错误信息类型,再输出源文件名及编译程序发现出错的行号,最后输出出错信息的内容。

A.2.2　C 程序的常见错误分析

1. 说明变量容易出现的错误

(1) 忘记定义变量

例如:

```
void main()
{   x=5;
```

```
    y=10;
    printf("%d\n", x+y);
}
```

C 语言要求程序中的每一个变量都必须先定义、后使用。在上面的代码段中，对变量 x 和 y 就没有进行定义。应该在程序的开始部分进行定义："int x，y；"，这是初学者最容易出现的一个错误。

（2）标识符的大小写字母混用

C 语言对标识符的大小写是敏感的，除非将其对应的开关设置为不敏感。

例如：

```
void main()
{   int a, b, c;
    a=5; b=6; C=A+B;
    printf("%d\n", C);
}
```

C 编译程序把 A 和 a、B 和 b、C 和 c 分别当做不同的变量。对上面的代码段，编译时会提示出 A、B、C 是未定义的变量。

（3）字符和字符串的使用混淆

C 语言规定字符是只有一个字符的常量或变量，在内存中只占一个字节。而字符串不管是常量还是变量，其存储都有两个或两个以上的字节。

例如：

```
char gender;
    gender="f";
    ...
```

这里，系统只为字符变量 gender 分配一个字节的存储空间，无法存储要占用两字节的字符串"f"，因此应将"gender＝"f"；"改为"gender＝'f'"。

（4）指针函数和指向函数的指针之间的混淆

C 语言中的指针函数是指该函数的返回值是地址量；而指向函数的指针是指本指针只能接受函数名对它的赋值。通过对指向函数的指针进行内容运算，可以将程序的控制流程切换到这个函数。

例如：

```
int(＊ptr1)();
int ＊ptr2();
```

前者说明 ptr1 是一个指向函数的指针，而后者说明 ptr2 是一个指针函数。

2. 使用运算符容易出现的错误

（1）误把＝当做＝＝运算符

某些高级语言把＝既作为赋值运算，又作为关系运算中的"等于"。例如 BASIC 语言和 PASCAL 语言都是将它们混用的。

例如：

```
if(a=h)    printf("a 等于 b!");
```

C 语言程序规定：＝是赋值运算符，＝＝是关系运算符中的"等于"。在 C 编译程序中，将(a＝b)当做赋值表达式处理，它首先将 b 的值赋值给 a，然后判断 a 的值是否为 0。如果 a 的值非零，则输出"a 等于 b!"；否则，将执行本语句的下一条语句。而不是在 a 等于 b 时就输出"a 等于 b!"。

（2）使用增 1 和减 1 运算符容易出现的错误

① 例如：

```
void main()
{   int * ptr, a[]={1, 3, 5, 7, 9};
    ptr=a;
    printf("%d", * ptr++);
}
```

在这个程序中，有人认为输出的是 a 数组第一个元素 a[1] 的值：3。其实由于 * ptr＋＋表达式中的增 1 运算是后置加 1，所以要先输出 ptr 指针所指向的内容 a[0] 的内容即是 1，然后再调整指针，使指针 ptr 指向 a[1]。如果写成表达式 * (＋＋ptr)，则先使指针 ptr 指向数组元素 a[1]，然后再输出其值。

② 例如：

```
void main()
{   int a=2;
    printf("%d:%d:%d\n", a,++a, a--);
}
```

上面程序的结果很容易判定为"2：3：3"；其正确的结果是"2：2：2"。其原因是：在执行 printf 函数时，C 编译程序将参数自右至左依次压入栈中。即先压入 a－－参数的值，然后是＋＋a 参数的值，最后是 a 参数的值。出栈时，弹出的顺序是 a、＋＋a、a－－；其结果是 2：2：2。

（3）a＞＞2 操作并不能改变 a 的值

例如：

```
void main()
{   unsigned char a;
    a=0x10;
    while(a) printf("%0x 右移两位的值是%0x\n", a, a>>2);
}
```

上面的程序是一个死循环。其原因是循环体内 a 的值并未发生变化。注意，a＞＞2 这样的操作并不会使操作数 a 的值发生变化。只有做 a＝a＞＞2 操作时，变量 a 的值才会发生变化。

（4）错把 & 运算符当做 && 运算符

例如：

```
void main()
```

```
{   int a=5, b=7, c=9, d=11;
    if((a>b)&(c>d)) printf("a>b并且c>d!\n");
    else printf("a不大于b而且c也不大于d!\n");
}
```

本例中,将位逻辑运算符 & 当成逻辑运算符 &&。这是 C 语言初学者很容易犯的错误之一。

3. 使用 I/O 函数容易出现的错误

(1) 输入输出数据的类型与所用的格式控制符不一致

例如:

```
void main()
{   int a;   float b;
a=3;   b=4.5;
printf("%f   %d\n", a, b);
}
```

上述程序在编译时并不给出错误信息,但以下运行结果可能令人无法理解:

```
0.000000    16403
```

数据存储时是按照赋值转换的规则进行的,而输出时是将数据在存储单元中的形式按输出格式控制符的形式输出。

(2) 忘记使用地址运算符

例如:

```
scanf("%d%d", x, y);
```

这是许多初学者容易犯的错误之一。C 语言要求在输入函数中引用被输入的变量时,应指明其地址标记。上述语句应改为

```
scanf("%d%d",&x,&y);
```

(3) 输入数据与要求不符

使用 scanf()函数时,应特别注意输入数据与函数要求数据的一致性。

例如:

```
scanf("%d,%d",&x,&y);
```

如果输入数据为:6 7〈CR〉,这是错误的。

应该输入:6,7〈CR〉。

4. 调用函数容易出现的错误

(1) 未对被调用的函数进行必要的说明

例如:

```
void main()
{   float x, y, z;
    x=3.5;   y=-7.5;   z=max(z, y);
```

```
        printf("较大的数是%f\n", z);
    }
    float max (float x, float y) { return(x>y? x:y); }
```

这个程序看起来并没有错误，但编译时将给出错误信息。原因是：max()函数定义在main()函数之后，调用函数 max()时并未对其进行说明，所以出现编译错误。改正方法有两种。

其一，在函数调用前用"float max(float,float);"说明函数原型，其位置最好是在主函数的变量定义和说明部分。

其二，将 max()函数的定义移动到 main()函数的前面。

（2）将函数的形式参数及其局部变量一起定义

例如：

```
int min() int x, y, z;
{ z=x<y? x:y; return(z); }
```

本例的错误是将函数的形式参数和函数的局部变量混为一谈。函数的形式参数具有局部的存储属性，也需要对其进行定义，但其定义位置应该在函数首部的括号内。而函数内的局部变量则应该定义在函数体的内部，本例应该修改为如下格式。

```
int min(int x, int y)
{   int z;
    z=x<y? x:y; return(z);
}
```

（3）认为函数的形式参数可以影响函数的实际参数

例如：

```
void main()
{   int x, y;
    x=5;   y=9;   swap(x, y);
    printf("%d,%d\n",x, y);
}
void swap (int x, int y)
{   int t;   t=x;   x=y;   y=t; }
```

程序的本意是想通过调用 swap()函数使得 main()函数中变量 x 和 y 的值得到交换，但实际不能获得预期的效果。其原因是：C 语言函数调用时采用值传递的方法，实际参数和形式参数分别是不同的存储单元，对形式参数存储单元的操作不能影响实际参数的存储单元的值。要想达到交换 main()函数中变量 x 和 y 的目的，只有传递变量的地址，即：

```
void main()
{   int x, y;
    x=5; y=9; swap(&x, &y);
}
void swap (int * x, int * y)
{   int t; t= * x;   * x=y;   * y=t; }
```

（4）实际参数和形式参数类型不一致

例如：

```
void main()
{   int a=4, b=9, c; c=fun(a, b); ...   }
fun(float x, float y)
{...}
```

上面程序的实际参数 a 和 b 是整型变量，而形式参数 x 和 y 却是浮点型变量。C 语言要求实际参数和形式参数的数据类型必须一致。

（5）函数参数的求值顺序造成的差异

例如：

```
printf("%d,%d,%d \n", i,++i,++i)
```

如果变量 i 在此前的值是 3，一般认为其输出 3、4、5。其实并不一定。在有些计算机系统中输出的是：5、5、4。原因是有些系统采用自右至左的顺序求函数参数的值，即输出为 5、5、4。而有的系统则是从左至右求函数参数的值，故其输出是 3、4、5。

（6）用动态地址作为函数的返回值

例如：

```
char * strcut(char * s, int m, int n);
void main()
{   static char s[]="Good Morning! ";
    char * ptr;
    ptr=strcut(s, 3, 4);
    printf("%s\n", ptr);
}
char * strcut(char * s, int m, int n)
{   char substr[20];
    int i;
    for(i=0; i<n; i++) substr [i]=s[m+i-1];
    substr [i]='\0';
    return(substr);
}
```

函数 strcut()是一个指针型函数，它的返回值是一个地址，即字符数组 substr 的地址。由于字符数组 substr 是函数 strcut()的局部变量，当函数 strcut()返回到主调函数时，substr 的地址空间已被释放了，所以指针 ptr 所指向的是一个不确定的地址空间，导致输出也是莫名其妙的。这种情况严重时可能使系统瘫痪。其解决的方法之一是把字符数组定义为静态型：

```
static char substr [20];
```

（7）对指向函数的指针赋值有错误

例如：

```
char pl();
void main()
{   char(*sl)();
    char ch;   sl=pl();
    ch=(*sl)("abcde");   printf("%c\n", ch);
}
char pl (char * s2)
{ return(s2[1]); }
```

本例中的指针 sl 是一个指向函数的指针，它接收的是某函数的地址。由于函数的地址就是函数名本身，本例中应是 pl，而不是 pl()。此例中的"sl＝pl();"是将函数 pl() 的返回值赋给一个指向函数的指针 sl，这种赋值是不合法的。

(8) 函数的返回值与期望的不一致

例如：

```
void main()
{   float x, y;
    scanf("%f%f", &x, &y);
    printf("%d\n", addup(x,y));
}
float addup(float x, float y) { return(x+y); }
```

本例中的主函数期望从函数 addup() 的返回值得到一个整型数，而函数 addup() 返回的却是一个浮点数。

5. 使用数组容易出现的错误

(1) 引用数组元素使用了圆括号

例如：

```
int i, a(10);
for(i=0; i<10; i++)
    printf("%d",a(i));
```

注意：C 语言数组的定义和数组元素的引用都应该使用方括号。

(2) 引用数组元素下标越界

例如：

```
void main()
{   static int a[10]={10, 9, 8, 7, 6, 5, 4, 3, 2, 1};
    int i;
    for(i=0; i<=10; i++)
        printf("%d",a[i]);
}
```

本例程序的错误在于：C 语言中的数组的下标是从零开始的；本例在定义时定义了 a[0]～a[9] 共 10 个元素，引用时却使用了 a[0]～a[10] 共 11 个元素。

(3) 对二维或多维数组定义和引用的错误

例如：

```
void main()
{   int a[5,9];
    ...
    printf("%d", a[3, 5]);
}
```

注意：C 语言的数组维数是由方括号对指定的，即 a[5][9]，不能使用逗号分隔符来指明数组的维数。

（4）数组名只不过代表数组的首地址

例如：

```
void main()
{   int a[]={5, 4, 3, 2, 1};
    printf("%d%d%d%d\n", a);
}
```

需要记住，数组名表示数组的首地址，是一个地址常量，它仅代表被分配的数组空间的首地址，不能代表数组的全体元素。

（5）向地址常量——数组名赋值

例如：

```
void main()
{   char str[20];
    str="Turbo C";
    printf("%s\n", str);
}
```

本例的错误是将数组和指针的特性混淆了。虽然数组在定义的同时可以初始化，但数组名是地址常量，不能用赋值运算符赋给一个字符串字符数组的名字，因此上面的 str＝"Turbo C";语句是错误的。

（6）数组初始化越界

例如：

```
void main()
{   char str [6]={"Out of!"};
    printf("%s\n", str);
}
```

本例的错误是定义字符数组时开辟的空间不足。为数组 str 开辟的存储空间只有 6 个字节，但对其初始化操作的字符串中有 7 个字符。在这种情况下，"f!"将会丢失。解决该错误的好办法是使用不定长数组进行初始化：char str[]＝{"Out of!"};。

6. 使用指针容易出现的错误

（1）不同类型的指针混用

例如：

```
void main()
{   float a=3.1, * ptr;
    int b=3, * ptr1;
    ptr=&a; ptr1=&b;
    ptr=ptr1;
    printrf("%d,%d\n", * ptr1, * ptr);
}
```

本例的错误在于,使指向浮点数的指针 ptr 也指向一个整数 b。解决的方法是赋值时采用强制类型转换的方法:ptr=(float *)ptr1;。

（2）混淆了数组名和指针的区别

例如:

```
void main()
{   int a[10], i;
    for(i=0; i<10; i++)
    scanf("%d",a++);
}
```

本例是把数组名当成指针来使用了。由于数组名 a 是地址常量,因此不能对 a 做增 1 运算;应该直接使用数组元素引用的方法,将输入修改为:scanf("%d",&a[i]);。

（3）使用指向不定的指针

例如:

```
void main()
{   char * ptr;
    scanf("%s",ptr);
    printf("%s",ptr);
}
```

语句 char * ptr;只定义 ptr 是一个指向字符的指针,并没有对 ptr 进行初始化,即没有给指针赋予一个确定的地址值,因此 ptr 是悬空指针,指向不确定的存储空间。这种情况下,编译时会出现 NULL pointer assignment 警告信息。

使用悬空指针,可能导致修改不确定地址空间的数据,从而使系统瘫痪,是非常严重的错误。

（4）用自动型变量去初始化一个静态型的指针

例如:

```
void main()
{   int s=100;
    static int * ptr=&s;
    printf("%d", * ptr);
}
```

本例的错误在于用一个自动型变量 s 的地址去初始化一个静态指针 ptr。虽然本例不会造成严重的错误,但是在非主函数中这样使用时,当函数结束,自动变量的地址空间已经释放了,而静态型的指针却还指向一个早已被释放的存储单元,这是绝对不允许的。

(5) 给指针赋值的数据类型不匹配

例如:

```c
void main()
{    char * ptr;
     ptr=malloc(10);
     gets(ptr);
     printf("%s\n", ptr); free(ptr);
}
```

本例的 ptr=malloc(10)语句编译时并不会出现错误,但是在基本概念上不清楚。函数 malloc(10)调用返回的是无值型的地址,但 ptr 是字符型指针,因此赋值语句两边的数据类型不匹配,可以把语句"ptr=malloc(10);"改为"ptr=(char *)malloc(10);"。

这样做虽解决了类型匹配的问题,但是没有对函数 malloc()是否已分配到足够的内存空间进行检查,一个较为完整的程序应该如下:

```c
void main()
{    char * ptr=NULL;
     ptr=(char * )malloc(10);
     if(ptr==NULL)
     {    printf("分配存储空间失败!\n"); exit(1);
     }
     gets(ptr);  puts(ptr); free(ptr);
}
```

(6) 错误地理解两个指针相减的含义

例如:

```c
void main()
{    int i, * ptr1, * ptr2;
     if((ptr1=(int)malloc(10 * sizeof(int)))==NULL)
     {    printf("分配存储空间失败!\n"); exit(1);   }
     ptr2=ptr1;
     for(i=0; i<10; i++) * ptr1++=i;
     printf("两个指针之间的元素个数是:%d\n",(--ptr1-ptr2+1)/sizeof(int));
}
```

本例程序的目的是求两个指针之间元素的个数,但是却错误理解了指针相减的含义。两个指针相减,即 ptr1-ptr2 之差就是这两个指针指向地址之间数据的个数,并不是地址的差值。其 printf()语句应改为:"printf("两个指针之间的元素个数是:%d\n", ptr1-ptr2+1);"。

7. 其他常见的错误

(1) 数值超过了数据可能表示的范围

例如:

```
int number; number=32769; print("%d", number);
```

假设 C 编译程序对一个整型数据规定为 2 个字节,那么其数的表示范围就是从 -32768 到 32767;所以变量 number 所赋的值超过了数据表示范围。如果将变量 number 定义为"long int number;"。

则必须将 printf( )语句中的输出格式控制符改为长整型的,即"printf("%ld", number);"才会不出错误。

(2) 语句后面忘记加分号

C 语言规定语句是以分号作为结束符或分隔符。如果某个语句遗漏了分号,编译时指出错误的地址往往是在其后面。如果编译时指出的错误行没有错误,应该检查一下其前面的语句是否遗漏了分号。

(3) 应该使用复合语句的地方遗漏了大括号对

例如:

```
sum=0; i=1;
while(i<100)
    sum+=i;
    i++;
```

本例的意图是实现 $1+2+3+\cdots+100$。但是由于应该使用复合语句的地方遗漏了大括号对,它会无休止地循环下去。本例的一种修改方法如下:

```
sum=0; i=1;
while(i<100)
{   sum+=i;
    i++;
}
```

(4) 在不需要分号的地方加了分号

例如:

```
for(i=0; i<100; i++);
    scanf("%d",&a[i]);
```

在本例中,本意是用 scanf( )语句输入 100 个整数到数组 a 的各元素,由于在 for( )语句的后面多加了一个分号";",使得本程序段无法完成该功能。

(5) 括号不配对

例如:

```
while((ch=getchar()!=#)
    putchar(ch);
```

当一个语句有多层括号时,录入时往往会有遗漏,这时应仔细检查程序,配对的括号最好能成对地录入,以避免出现括号丢失的情况。

(6) 混淆结构体类型和结构体变量

例如:

```
struct student
{   long num; char name[20];
    char gender; int age;
}
student.num=123456; strcpy(student.name, "Li lei");
student. sex='f'; student. age=20;
```

本例的错误在于：把说明结构体的类型和定义结构体变量混为一谈。结构体类型是一个模板，不会给结构体类型分配内存空间，不能给结构体类型赋值。只有定义的结构体变量才会被分配存储空间，可以对结构体变量赋值。改正的方法是定义一个结构体变量，然后再对其进行赋值。

（7）在 switch（）语句中漏写了 break 语句

例如：

```
switch(score)
{   case 5: printf("成绩优秀!");
    case 4: printf("成绩良好!");
    case 3: printf("成绩及格!");
    case 2: printf("成绩不及格.");
    default: printf("数据输入有错误.");
}
```

上述程序段在某个学生的成绩是优秀时，却会输出：

"成绩优秀!成绩良好!成绩及格!成绩不及格.数据输入有错误."，原因是在 case 子句结束后漏掉了"break;"语句。改正的程序段如下：

```
switch(score)
{   case 5: printf("成绩优秀!");break;
    case 4: printf("成绩良好!"); break;
    case 3: printf("成绩及格!"); break;
    case 2: printf("成绩不及格."); break;
    default: printf("数据输入有错误.");
}
```

（8）文件操作的不一致

文件操作的第一步是先打开一个文件，打开文件时应指定打开文件的模式，初学者往往在此操作中出现不一致的问题。

例如：

```
if((fpr=fopen("test", "r")==NULL)
{  printf("文件 test 打开失败!\n"); exit(1);   }
ch=fgetc(fpr);
while(ch!='#')
{   ch+=4; fputc(ch, fpr);
    ch=fgetc(fpr):
}
```

在上述程序段中,打开文件是以 r 方式,即只读方式打开的,而文件操作却既要进行读操作,又要进行写操作,显然是不允许的。应该注意,打开文件的模式应与对文件的操作一致。此外,有时在程序中打开文件,但没有关闭文件,这样可能会造成数据丢失。因此,必须将暂时不用的文件即时关闭。

　　综上所述,C 程序出现的错误可分为以下两种情况。

　　(1) 语法错误。语法错误不符合 C 语言的语法规定,编译程序一般能够给出"出错信息",并指出错误的所在行,只要细心地检查,可以很快地在其指定的行或该行之前找到错误,并进行改正。

　　(2) 非语法错误。这类错误并未明显地违背 C 语言的语法规则,但是程序的执行结果与预期的结果不同。此类错误往往是程序设计人员给予计算机的指令与编程的意愿不符,即向计算机发出了错误的程序指令。这类错误属于逻辑错误,或是算法设计的错误,是非常难以发现的,需要精心选择测试数据,并采取多种程序调试方法才能排除。

　　总之,初学者容易犯的错误多数是对 C 语言的语法不熟悉、编程经验不足造成的。通过一段时间使用 C 语言进行编程练习,出错的概率会明显减少。

附录 B　课程设计报告文档格式

重庆理工大学

课程设计

课程　程序设计基础

题目　综合程序设计

院系名称　　计算机科学与工程学院

班　　　级　　_____

学生姓名　_____　学号_____

指导教师　_____

评阅教师　_____

时　　间　_____

B.1 问 题 描 述

编写程序，实现小学生四则运算练习项目。

B.2 需 求 分 析

B.2.1 功能需求

（1）用户可以从菜单中选择某种运算进行练习。具体包括加法、减法、乘法、除法。

（2）用户可以指定每次练习的题目数量，设置练习的总分。

（3）每小题练习后给出结果正确与否的提示；一次练习结束后，给出用户所得的总分。

（4）用户选择退出时，可退出系统。

B.2.2 性能需求

（1）系统设计合理，兼顾系统运行速度和系统资源消耗两方面的需求。

（2）系统运行稳定，具有健壮性：对用户的非法操作能给予相关处理或提示；避免随意终止、退出程序。

（3）由于用户是小学生，因此系统界面应简单、美观。

（4）系统操作简便，具有良好的交互性（有准确的提示性信息）。

B.3 系 统 设 计

B.3.1 系统功能模块图

系统功能模块如图 B.1 所示。

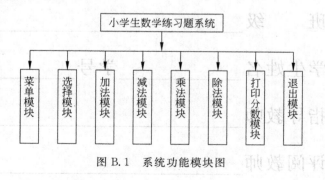

图 B.1 系统功能模块图

B.3.2 系统功能设计

各模块的功能及输入输出如下。

（1）菜单模块

模块名：showMenu。

功能：程序启动时，出现菜单界面。该界面将各功能操作显示成列表，供用户选择。

输入：无。

返回值：无。

（2）选择模块

模块名：getChoice。

功能：用户输入功能模块的序号，根据用户输入的选项调用相应的功能模块。

输入：无。

返回值：无。

（3）加法模块

模块名：doAdd。

功能：用户输入题目数、总分数，随机生成试题。根据用户的答题情况给出用户每题的答题情况以及总分。

输入：无。

返回值：答题总分。

模块内部逻辑如下。

① 随机产生两个整数。

② 显示题目。

③ 接收用户输入的答案。

④ 判断正确与否，给出提示信息，并统计总分。

（4）减法模块

模块名：doSub。

功能：用户输入题目数、总分数，随机生成试题。根据用户的答题情况给出用户每题的答题情况，以及总分。

输入：无。

返回值：答题总分。

模块内部逻辑：同（3）。

关键点：被减数应大于减数。

（5）乘法模块

模块名：doMul。

功能：用户输入题目数、总分数，随机生成试题。根据用户的答题情况给出用户每题的答题情况以及总分。

输入：无。

返回值：答题总分。

模块内部逻辑：同(3)。

(6) 除法模块

模块名：doDiv。

功能：用户输入题目数、总分数，随机生成试题。根据用户的答题情况给出用户每题的答题情况，以及总分。

输入：无。

返回值：答题总分。

模块内部逻辑：同(3)。

关键点：分母不能为 0；被除数应该是除数的倍数。

(7) 打印分数模块

模块名：prnScore()。

功能：输出一次测试的总分。

输入：答题总分。

返回值：无。

(8) 退出模块

模块名：sysExit。

功能：退出时，给出"再见啦"的提示信息。

输入：无。

返回值：无。

B.3.3 接口及流程设计

根据各模块的功能，确定各模块及接口设计如下。

```
void showMenu();
int getChoice();
int doAdd();
int doSub();
int doMul();
int doDiv();
void prnScore(int score);
void sysExit();
```

系统整体工作流程如图 B.2 所示。

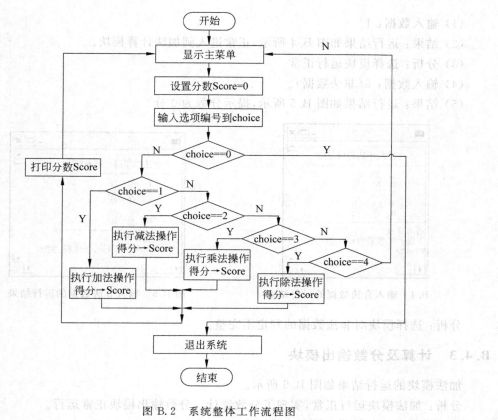

图 B.2　系统整体工作流程图

B.4　系　统　测　试

B.4.1　菜单模块

系统菜单模块的运行结果如图 B.3 所示。

图 B.3　系统主菜单

B.4.2　选择模块

（1）输入数据：1

（2）结果：运行结果如图 B.4 所示，正常进入到加法计算模块。

（3）分析：选择模块运行正常。

（4）输入数据：6（非法数据）。

（5）结果：运行结果如图 B.5 所示，提示分数为 0 分。

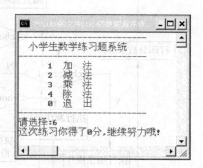

B.4　输入合法数据的运行结果　　　　图 B.5　输入非法数据的运行结果

分析：选择模块对非法数据的判定不完整。

B.4.3　计算及分数输出模块

加法模块的运行结果如图 B.6 所示。

分析：加法模块运行正常，实现了分数统计。分数输出模块正常运行。

除法模块的运行结果如图 B.7 所示。

图 B.6　加法计算的运行结果　　　　图 B.7　除法计算的运行结果

分析:除法模块运行正常,实现了分数统计。

B.4.4 退出模块

退出模块的运行结果如图 B.8 所示。

图 B.8 计算及分数输出模块

分析:退出模块正常运行。

B.5 总 结

B.5.1 工作总结

本次课程设计进行了小学生数学练习题系统的设计及实现工作。

首先,通过对系统功能的分析进行了系统各模块的划分。

接着对模块的功能、模块之间的接口以及系统工作流程进行了详细设计。

然后采用 C 语言进行程序编码,实现了小学生数学练习题系统的全部功能。

最后通过选择有针对性的测试数据,对系统进行了充分的测试。测试结果表明,系统的主要功能模块运行正常。实现了系统预期的目标。

B.5.2 心得体会

源程序代码如下。

```
//*********************************************
//小学生数学题管理系统 v1.0    作者:cqutLL
//2014 年 1 月 1 日
//*********************************************
#include <stdio.h>
#include <stdlib.h>
#include <time.h>
//*********************************************
#define numQuestion 10
//*********************************************
void showMain();
int getChoice();
int doAdd();
```

```
int doSub();
int doMul();
int doDiv();
void prnScore(int);
void sysExit();
//*****************************************************
//退出模块
//*****************************************************
void sysExit()
{
    printf("再见啦!\n");
}
//*****************************************************
//主菜单模块
//*****************************************************
void showMain()
{
    printf("--------------------------\n");
    printf("   小学生数学练习题系统\n");
    printf("--------------------------\n");
    printf("       1   加   法\n");
    printf("       2   减   法\n");
    printf("       3   乘   法\n");
    printf("       4   除   法\n");
    printf("       0   退   出\n");
    printf("--------------------------\n");
    printf("请选择:");
}
//*****************************************************
//选择模块
//*****************************************************
int getChoice()
{
    int select;
    scanf("%d", &select);
    return select;
}
//*****************************************************
//加法模块
//*****************************************************
int doAdd()
{
    int x, y, result, score=0;
    printf("下面开始做题啦:\n");
    srand((unsigned)time(NULL));
```

```
    int k=0;
    while(k<numQuestion)
    {
        x=rand()%100;
        y=rand()%100;
        printf("%d+%d=", x, y);
        scanf("%d", &result);
        if(result==x+y)
        {
            printf("做对啦!\n");
            score+=10;
        }
        else
        {
            printf("不对呀，加油哦!\n");
        }
        k++;
    }
    return(score);
}
//**********************************************
//减法模块
//**********************************************
int doSub()
{
    int x, y, result, score=0;
    printf("下面开始做题啦:\n");
    srand((unsigned)time(NULL));
    int k=0;
    while(k<numQuestion)
    {
        x=rand()%100;
        y=rand()%100;
        if(x>y)
        {
            printf("%d-%d=", x, y);
        }
        else
        {
            printf("%d-%d=", y, x);
        }
        scanf("%d", &result);
        if(result==x-y)
        {
            printf("做对啦!\n");
```

```
                score+=10;
            }
            else
            {
                printf("不对呀，加油哦!\n");
            }
            k++;
        }
        return(score);
}
//************************************************
//乘法模块
//************************************************
int doMul()
{
        int x, y, result, score=0;
        printf("下面开始做题啦:\n");
        srand((unsigned)time(NULL));
        int k=0;
        while(k<numQuestion)
        {
            x=rand()%100;
            y=rand()%100;
            printf("%d * %d=", x, y);
            scanf("%d", &result);
            if(result==x * y)
            {
                printf("做对啦!\n");
                score+=10;
            }
            else
            {
                printf("不对呀，加油哦!\n");
            }
            k++;
        }
        return(score);
}
//************************************************
//除法模块
//************************************************
int doDiv()
{
        int x, y, result, score=0;
        printf("下面开始做题啦:\n");
```

```
        srand((unsigned)time(NULL));
        int k=0;
        while(k<numQuestion)
        {
            x=rand()%100;
            y=rand()%100;
            if(x<y)
            {
                continue;
            }
            else if(y==0)
            {
                continue;
            }
            else if(x%y!=0)
            {
                continue;
            }
            printf("%d÷%d=", x, y);
            scanf("%d", &result);
            if(result==x/y)
            {
                printf("做对啦!\n");
                score+=10;
            }
            else
            {
                printf("不对呀，加油哦!\n");
            }
            k++;
        }
    return(score);
}
//*******************************************
//打印分数模块
//*******************************************
void prnScore(int score)
{
    printf("这次练习你得了%d分, ", score);
    if(score>=80)
    {
        printf("非常不错哦!\n\n");
    }
    else
    {
```

```c
        printf("继续努力哦!\n\n");
    }
}
//*********************************************
//主函数
//*********************************************
void main()
{
    int choice=0;
    int score=0;
    while(1)
    {
        showMain();
        score=0;
        choice=getChoice();
        switch(choice)
        {
            case 1: score=doAdd();break;
            case 2: score=doSub();break;
            case 3: score=doMul();break;
            case 4: score=doDiv();break;
        }
        if(choice==0)
        {
            break;
        }
        prnScore(score);
    }
    sysExit();
}
```

附录 C 课程设计备选题目

C.1 基础类/算法类

C.1.1 长整数运算器

难度系数：3 级。

任务描述：编写程序，实现任意长度正整数的加法、减法运算。

功能要求：

(1) 长整数长度在 10 位以上、1000 位以下。

(2) 任意输入两个长整数，可进行它们的加、减运算，输出运算结果。

C.1.2 求解自守数

难度系数：2 级。

任务描述：判断任意输入的某整数是否是自守数。如果一个自然数的平方数的尾部仍然为该自然数本身，则称其为自守数。例如：

$$5×5＝25$$
$$76×76＝5776$$
$$625×625＝390625$$

功能要求：可任意输入一个整数，输出其是否是自守数的结论。

C.1.3 进制转换

难度系数：4 级。

任务描述：将输入的任意进制正整数转换成指定的进制数，并输出结果。

功能要求：设计并实现一个可进行交互操作的菜单，实现二进制、八进制、十六进制、十进制之间的相互转换，并输出转换结果。

C.1.4 数字乘积根问题

难度系数：2 级。

任务描述：对任意输入的正整数，求其数字乘积根。

正整数的数字乘积的定义是：这个整数中非零数字的乘积。例如，整数 999 的数字乘积为 $9×9×9$，即 729。

正整数的数字乘积根的定义是：求一个正整数的数字乘积，再求该乘积的数字乘积，如此反复计算，直至乘积含一位数字，这个一位数字就是该整数的数字乘积根。例如：10025 的非零数字乘积为 $1×2×5＝10,10$ 的非零数字乘积为 $1,1$ 就是 10025 的数字乘积根。729 的数字乘积为 $7×2×9$，即 126;126 的数字乘积为 $1×2×6$，即 12;12 的数字乘积为 $1×2$，则

2 就是 729 的数字乘积根。

功能要求：可任意输入一个整数，输出其数字乘积根。

C.1.5　整数拆分

难度系数：3 级。

任务描述：对任意正整数 n，将其拆分成若干个正整数之和，输出所有的拆分方案。

整数的拆分，就是把一个自然数表示成若干个自然数之和的形式。每一种表示方法就是自然数的一个拆分方案。例如：

$$2=1+1$$
$$3=1+2=1+1+1=2+1$$

功能要求：

(1) 输入任意正整数，输出其所有拆分方案（允许重复）。

(2) 输入任意正整数，输出其所有拆分成奇数的方案（允许重复）。

C.1.6　分数加法计算问题

难度系数：3 级。

任务描述：分别给出两个正分数的分子和分母，按分数运算的方法求出两个分数之和。

功能要求：

(1) 加数和被加数都是真分数。

(2) 如果和的分子分母有公因子，要约分。

(3) 如果和大于 1，要化为带分数。

C.1.7　整数乘除法练习器

难度系数：3 级。

任务描述：编写一个整数乘除法练习器，提供给小学生使用。可进行 100 以内任意两个整数的乘除法练习。

功能要求：

(1) 随机生成乘法或除法运算符。

(2) 随机生成 100 以内的两个正整数。

(3) 乘法的计算结果不得大于 100，否则重新生成题目。

(4) 除法的计算结果必须为整数，否则重新生成题目。

(5) 每次练习开始前，由用户指定要做的题目数（≤100 题）。根据题目随机产生满足上述要求的试题。要求所有试题不重复。

(6) 对用户输入的答案，判断正确与否，并计分。答对一题得 10 分。

(7) 练习结束后，统计并输出回答正确和错误的题目数、最后得分，并给出相应的评语。

C.1.8　整数加减法练习器

难度系数：3 级。

任务描述：编写一个练习器，提供给小学生使用，可进行 100 以内任意三个整数的加减法混合练习。

功能要求：

（1）随机生成加减混合运算题目，题目中的 3 个正整数在 100 以内，随机生成。

（2）要求无论是中间结果，还是最后结果，都不得大于 100。

（3）要求无论是中间结果，还是最后结果，都不得为负数。

（4）每次练习开始前，由用户指定要做的题目数（≤100 题）。根据题目随机产生满足上述要求的试题。要求所有试题不重复。

（5）对用户输入的答案，判断正确与否，并计分。答对一题得 10 分。

（6）练习结束后，统计并输出回答正确和错误的题目数、最后得分，并给出相应的评语。

C.1.9 回文数问题

难度系数：4 级。

任务描述：对任意输入的十进制正整数，判断该数在二进制、八进制、十进制和十六进制表示方法中是否为回文数。只要该数在某一个进制中是回文数，就输出"进制、对应回文数"。

如果一个数从左往右读与从右往左读是一样的，就说该数是回文数。例如 32623 是一个回文数。回文数的特征与数字表示的进制有关。例如，十进制数 15，不是回文数，但如果改用二进制表示，为 1111，则它就是回文数字。

功能要求：设计并实现一个可进行交互操作的菜单，用户可选择继续输入整数并判断回文数，或选择退出系统。

C.1.10 八皇后问题

难度等级：4 级。

任务描述：八皇后问题是一个古老而著名的问题，是回溯算法的典型案例。该问题是国际象棋棋手马克斯·贝瑟尔于 1848 年提出的：在 8×8 格的国际象棋上摆放八个皇后，使其不能互相攻击，即任意两个皇后都不能处于同一行、同一列或同一斜线上，问有多少种摆法。高斯认为有 76 种方案。1854 年，柏林的象棋杂志上有不同的作者发表了 40 种不同的解，后来有人用图论的方法解出 92 种结果。计算机发明后，用多种计算机语言可以解决此问题。

功能要求：输出八皇后问题所有可能的方案（建议输出到文件）以及方案总数。

C.1.11 24 点游戏

难度等级：5 级。

任务描述：任意给出 4 张牌，计算能否用＋、－、×、÷将其点数组合成 24。

功能要求：输出所有可能的组合式。

C.1.12 清除数字游戏

难度等级：4 级。

任务描述：玩家从该二维数组中选择两个数字，如果两者之和为 a，则清除这两个数字

（相应数组元素置 0）。然后计算机再给出一个数字 b，由玩家从剩下的数组中选择两个数字，看是否能清除，依次进行，直到数组中所有数字被清除。

功能要求：

（1）用户可指定生成的矩阵阶数 n。

（2）在游戏中，玩家输入两个数字的坐标值，计算机判断两者之和是否为给定数字，如果是，则将这两个数字清 0。

（3）游戏结束后，显示游戏时间。

C.1.13 万年历

难度等级：5 级。

任务描述：设计并生成一个万年历。

功能要求：

（1）输入一个年份，在屏幕上输出该年的年历（包括每月的天数和对应的是星期几），并且在每月的左上角或右上角打印出相应的年份和月份。要求输出界面尽可能整齐、美观，符合年历显示规范。假定输入的年份为 1～9999。

（2）输入年、月，输出该月的月历。

（3）输入年、月、日，输出距今天还有多少天，输出该天是星期几，输出该天是否是公历节日。

C.1.14 迷宫问题

难度等级：5 级。

任务描述：给定一个迷宫，入口为左上角，出口为右下角，找出所有从入口到出口可能的路径。

功能要求：

（1）迷宫数据记录在磁盘文件中，初始时，从磁盘文件导入迷宫数据：输入 0 表示可走，输入 1 表示墙。

（2）程序开始时，从键盘指定迷宫的入口坐标。

（3）移动操作可以从上、下、左、右、上左、上右、下左、下右八个方向进行。

C.2 字 符 串 类

C.2.1 单词统计和替换

难度系数：4 级。

任务描述：对任意一篇英文文章，统计其中每个单词分别出现了多少次，并可替换指定的单词。

功能要求：

（1）英文文章以文件形式输入。

（2）统计结果保存为文件。

（3）对单词进行替换时，允许用户选择全部替换或逐个替换。替换完成后，将文章存盘。

C.2.2　单词匹配

难度系数：3 级。

任务描述：已知一个包含若干英文单词的词典（$1 \leqslant n \leqslant 100$），对任意输入的某一个单词 word，进行如下查询操作（字典中的单词和给定单词长度上限为 255）：

（1）word 在词典中的位置。

（2）词典中仅有一个字符与 word 不匹配的单词位置。

（3）词典中比 word 多（或少）一个字符（除此字符外其余字符均匹配）的单词位置。

（4）进行上述查找时，如有多个单词符合条件，仅输出其第一个单词的位置即可。

功能要求：

（1）词典以 txt 文件格式存放，每行一个单词。

（2）查找后，输出找到的单词在词典中的位置以及该单词。如未找到相关单词，应给出提示信息。

C.2.3　简单翻译程序

难度系数：4。

任务描述：建立一个包含若干英文单词的词汇表文件。输入一个英文单词或者句子，在屏幕上显示相应的中文翻译。

功能要求：

（1）自行建立一个包含若干英文单词的词汇表文件，系统初始化时导入内存，用于句子翻译。

（2）用户可以输入单词或者句子，在屏幕上显示对应翻译结果。

（3）用户可添加和删除词汇表，并能将更新的词汇表存储到文件中。

C.2.4　高级语言源程序注释部分的处理

难度系数：4 级。

任务描述：去掉 C 语言源程序中的所有注释，并将去掉注释的文件和注释分别存放到一个新的文件中。

功能要求：

（1）读取用户指定名字的源程序，例如，用户输入 exercise.cpp，程序能读取该文件进行处理。

（2）将文件中的注释（同一行中//之后的部分，以及/＊和＊/之间的部分，包括//. /＊和＊/）部分删除。

（3）将去掉的注释部分和删除注释后的 C 语言程序分别保存到两个不同的文件中，文件名允许用户的指定。

C.2.5　模拟 C 语言语法分析器

难度系数：3 级。

任务描述：编写一个程序，检测 C 语言程序中的简单语法错误。

功能要求：

（1）读取用户指定名字的源程序，例如，用户输入 exercise.cpp，程序能读取该文件进行处理。

（2）能检测 C 语言程序中的语法错误，包括不配对的圆括号、方括号和花括号、双引号、单引号；不合法的注释；不匹配的 if-else 等。

（3）程序能输出有语法错误的行号以及错误的原因。

C.2.6　英文打字训练程序

难度系数：3 级。

任务描述：随机产生包含 100 个英文字母的范文，要求用户按范文打字录入。录入开始时计时，录入结束后计算录入的时间和正确率。

功能要求：

（1）随机产生 100 个字母的范文，范文既要显示在终端上，又要保存在文件中。

（2）用户录入的结果也应保存到单独的文件中。

（3）录入开始前应有提示和倒计时。

（4）录入结束后提示录入所用时间和正确率：正确率＝正确的字符数/100。

C.2.7　简单的文件相似度统计

难度系数：3 级。

任务描述：任意给定两篇英文文章，统计其中相同的单词数在各自文章中所占的百分比。

功能要求：

（1）文章 1 和文章 2 的文件名由用户输入。

（2）将两篇文章中相同的单词、相同单词的数量、相同单词在两篇文章中出现的次数、相同单词分别占各自文章单词总数的百分比输出到屏幕上，同时也保存在一个单独的文件中。

C.2.8　背单词程序

难度系数：4 级。

任务描述：建立一个包含若干英文词条的词汇表文件。其中每个词条由单词和解释两部分组成，例如：

apple　苹果

利用该词汇表文件实现背单词的功能。

功能要求：

（1）读取已有的词汇表文件。

（2）能浏览词汇表的全部词条。

（3）背单词功能：由用户指定每次背单词的数目，程序随机挑选给定个数的单词（不重复）；用户输入相应英文单词，程序给出中文解释；判断输入单词的正误，输入正确记 1 分；对每个单词统计总得分；总得分低的单词为生疏单词，让这类单词多出现。

C.2.9　数据构建器

难度系数：3 级。

任务描述：对任意输入的字符串，将其按指定次数插入到指定的文件中。

功能要求：

（1）能读取指定的磁盘文件：文件可以是纯英文、纯中文或中英文混合等不同样式。对于中文，字符串必须插入在两汉字之间。

（2）用户输入要插入的字符串以及插入的次数 n。程序将字符串插入到文件的 n 个随机位置上，并将文件存盘。

（3）用户输入某字符串，统计该字符串在文件中出现的次数。

（4）至少需要测试三个文件：纯英文、纯中文、中英文混合。

C.2.10　源程序简单分析器

难度系数：3 级。

任务描述：从文件读入 C 语言程序，统计其中的代码行、注释和空行的个数；统计函数个数、函数的平均行数以及规模最大和最小的函数及其开始行号。

功能要求：

（1）用户指定要读取的 C 程序文件名，从文件中读入 C 语言源程序。

（2）分析内容包括代码行数、注释行数、空行数、函数个数、函数平均行数、规模最大/小函数的函数名、代码行数、开始行号。

（3）将分析结果保存在单独文件中。

C.2.11　文件简单加密与解密

难度系数：4 级。

任务描述：用户选定一篇英文文章，用其中由每个字母所在的行数和列数组成的序列作为该字母的密码。用这个密码对任意给定的一段英文文本进行加密（如密码不唯一，随机选定一个作为密码），并可对任意给定的一段密码进行解密。

功能要求：

（1）用户指定选取的英文文章名，读取该文件，作为编码文件。

（2）用户指定待加密文件，对其进行加密。原文、加密文件均以文件形式保存。

（3）用户指定待解密文件，对其进行解密。密文、解密文件均以文件形式保存。

（4）注意密码的随机性。即在密文中，一个字母在同一个密码中尽量不要重复多次出现。

C.3 管理系统类

C.3.1 考勤信息管理

难度系数：3级。

任务描述：某公司对员工的出勤采用计算机管理，为该公司设计一个员工考勤信息管理程序。系统包括3类用户：管理员、考勤员、普通职员。不同用户具有不同的访问权限。

(1) 职员信息包括：职工编号、姓名、所属部门、性别、身份证号码、职务、权限等。

(2) 考勤信息包括：考勤日期，职工编号，出勤状态（出勤、出差、病假、事假、旷工、休假、迟到、早退、加班等），到岗时间，下岗时间等。

功能要求：

(1) 管理员功能。

- 管理公司职员基本信息：具有职员信息添加、删除、查询、修改、存储功能。
- 查询某部门全体职工出勤信息。
- 统计每个职工月在岗、出差、迟到、加班等时间。
- 统计不同职工的年出差时间。

(2) 考勤员功能。

- 管理公司职员的考勤信息：具有出勤信息添加、删除、查询、修改、存储功能。
- 查询某个部门全体职工的出勤信息。
- 统计每个职工月在岗、出差、迟到、加班等时间。
- 统计不同职工的年出差时间。
- 修改本人密码。

(3) 普通职员。提供查询功能。可按日、月查询本人出勤信息，可修改本人密码。

(4) 设计提示。管理员录入职员信息，不提供注册功能。不同用户根据密码登录后可进行相应操作。

C.3.2 学生成绩管理

难度系数：3级。

任务描述：为学校设计一个学生成绩信息管理系统。系统可对学生成绩进行管理、查询和统计。系统用户包括管理员和学生两类。学生成绩信息主要包括学号、姓名、性别、身份证号码、登录密码。此外还包括至少3门课程的成绩。

功能要求：

(1) 管理员功能。

- 实现学生成绩信息的管理：具有添加、查询、删除、修改、浏览、存盘功能。
- 查询要求：可按专业、按班级、按学号、按指定课程查询学生成绩信息。
- 可按指定课程、指定专业、指定班级等浏览学生成绩，浏览时可指定成绩的排序规则（升序、降序），并按相应规则对成绩进行排序输出。
- 根据指定课程、指定班级统计各门课程的平均分、最高分、最低分、各个分数段（100～

90、89～80、79～70、69～60、60 以下)人数和占班级人数比例。

- 能按课程、按班级统计输出全部上述信息。自行设计输出格式。

（2）学生功能。

- 查询某门课程的成绩。
- 查询全部课程的成绩。
- 修改本人密码。

（3）设计提示。管理员录入学生信息，不提供注册功能。学生用户需根据密码登录后进行相应操作。

C.3.3　学生宿舍住宿管理

难度系数：3 级。

任务描述：设计一个学生宿舍管理程序，系统的用户是宿舍管理员。

功能要求：

（1）管理员功能。

- 管理学生宿舍的住宿信息：包括宿舍楼号、宿舍性质（男/女）、已住人数、空床位数等。
- 入住和退出功能：入住和退出时均需登记。登记入住、退出信息，包括学生的相关信息。
- 可按楼号查询当前空宿舍间数，并显示宿舍号。
- 可按楼号和房号查询当前空床位数及床位相关信息。
- 可按宿舍性质分别统计男生和女生当前占用的床位数和空床位数。
- 可按楼号和房号查询宿舍相关学生信息。
- 查询学生的入住、退出信息。

（2）设计提示。管理员需根据密码登录，然后进行相应的操作。

C.3.4　交通处罚单管理程序

难度系数：2 级。

任务描述：设计一个交通处理罚单管理程序，管理交通罚单的信息。系统用户包括交警和驾驶员。

功能要求：

（1）交警功能。

- 对交通处罚单处理信息进行录入、修改和删除。
- 按开单交警编号的从小到大的顺序显示交通处罚单信息。
- 按车牌号、驾驶证号、开单交警号、处罚单号等内容进行信息查询和显示。
- 对指定驾驶员的全部未处理交通处罚单信息进行查询与显示功能。
- 对不同类型的罚单按月、年开出数量进行统计。

（2）驾驶员功能。

按车牌号和驾驶证号查询交通处罚信息功能。

（3）设计提示。交警根据密码登录后进行相应操作。驾驶员无须登录，只提供查询功能。

罚单信息至少包括车牌号,驾驶证号,开单交警编号,处罚单号,罚单类型(酒驾、醉驾、闯红灯、追尾、违章停车、擅行公交车道、限行日出行、遮挡污损车牌、无牌驾驶、无照驾驶等),处罚时间(yyyymmddhhmm,即年月日时分),处罚方式(现场/非现场),罚款金额,处理状态(未处理/已处理)。

C.3.5 校园跳蚤市场信息管理

难度系数:2级。

任务描述:设计一个校园跳蚤市场信息交流平台,为学生交换二手物品提供便利。

功能要求:

(1)管理员功能。管理员录入待销或求购的二手物品信息,并具有增加、删除、查询、修改、存盘等基本功能。

(2)普通用户功能。提供多种浏览和查询功能。

* 按类别显示所有待销物品的信息。
* 按类别显示所有求购物品的信息。
* 按商品名称的字典顺序显示待销或求购物品信息。
* 按商品信息发布时间显示所有待销物品信息。最近发布的信息显示在最前面。
* 按商品信息发布时间显示所有求购物品的信息。最近发布的信息显示在最前面。如急需求购商品,突出显示。
* 按物品的库存数量,从大到小显示待销商品。
* 按指定的物品类别、名称、价格等条件或者条件组合查询待销、求购商品。

(3)设计提示。管理员通过密码登录进行系统管理。普通用户无须登录,提供浏览和查询功能。

C.3.6 停车场管理系统

难度系数:4级。

任务描述:设计一个停车场管理程序,可以查询、管理停车场的车位信息,可以进行收费管理。

功能要求:

(1)管理员功能。

* 管理临时停车信息:包括添加、删除、修改、查询、存盘等操作。
* 停车收费功能:临时停车的车辆出库时,根据停车时间计算应收取费用,并记录费用信息。
* 临时停车收费统计功能:统计指定时间,如某日、某月、某年临时停车收费的总额。
* 停车查询功能:按车位号、车牌号、停车性质、停车时间段等信息查询停车情况。
* 管理长期停车信息:包括添加、删除、修改、查询、存盘、长期停车充值、长期停车车位管理、长期停车到期提示等操作。

(2)设计提示。管理员通过密码登录系统,进行相关操作。临时停车信息可包括停车性质、车牌号、车位号、层号、起始停车时间、结束停车时间、缴费额等。长期停车用户信息可包括用户编号、车牌号、车位号、车位使用起止时间、缴费额等。

C.3.7　快餐店 POS 机计费系统

难度系数：3 级。

任务描述：校园快餐店一共出售 3 大类食品：饮料、主食、小食品。设计一个快餐店的 POS 机计费系统，对快餐店的食品信息、销售信息进行管理。

功能要求：

（1）管理员功能。

- 食品信息管理：添加、查询、修改、删除、存盘。能够对食品进行多种查询。
- 销售信息管理：录入顾客一次购买的食品信息，包括食品编号、单价、数量等；计算购买食品的总金额、用户所付金额、找零金额，输出消费明细账单。
- 统计功能：可对指定日期、指定名称食品、指定种类食品的销量、收入总额等数据进行统计，并按一定的格式显示。

（2）设计提示。系统只设置一个管理员，通过密码登录系统，进行食品信息管理、食品销售以及各类信息查询。

C.3.8　杂志订阅管理系统

难度系数：4 级。

任务描述：设计一个杂志订阅管理系统。

功能要求：

（1）管理员功能。

- 杂志信息管理：添加、查询、修改、删除、存盘、浏览等。
- 客户信息管理：添加、查询、修改、删除、存盘、浏览等。
- 杂志订阅功能：录入客户订购杂志信息，包括客户编号、客户编号、订阅总金额等。
- 杂志信息组合查询：可按杂志的不同属性，包括杂志名、杂志价格、杂志类型等查询各类杂志信息。
- 统计功能：统计每种杂志的订阅数量，分别显示订阅数前三名和最后三名的杂志信息。

（2）用户功能。普通用户无须登录，只有查询权限。如按杂志名、杂志价格、杂志类型等查询杂志信息。

（3）设计提示。管理员通过密码登录，具有杂志信息管理；具有客户信息管理、杂志订阅、杂志信息查询、统计功能。

C.3.9　点歌台歌曲信息管理

难度系数：3 级。

任务描述：设计并实现一个点歌台管理程序。

功能要求：

（1）管理员功能。歌曲信息管理：歌曲信息添加、查询、修改、删除、存盘、浏览等。歌曲信息至少包括编号、歌曲名、歌手名、歌曲类别等。

（2）用户功能。

- 多种类型的歌曲查询、显示功能。按歌曲名、歌手名、歌曲类别等查询歌曲。

- 点歌功能：用户录入歌曲编号，被点播歌曲按点播顺序放入播放表，每隔一分钟删除最前面一首歌，表示已经播放完毕。当全部点播歌曲播放完毕，提示"点播歌曲已经播完，请继续点播"。

（3）设计提示。管理员通过密码登录，进行歌曲的管理。普通用户无须登录，能进行浏览、查询和点歌操作。关于歌曲的播放及删除，可设计定时器来完成。

C.3.10　学分信息管理

难度系数：4级。

任务描述：为便于学校实施学分制管理，设计一个学分信息管理系统。根据规定，每位学生毕业的基本条件是必须修满如下学分数。

基础类课程50分；专业基础类课程50分；专业类课程36分；专业选修类课程24分；实践类课程40分。设计一个学分信息管理程序，判断学生是否达到毕业要求。

功能要求：

（1）管理员功能。

- 学生信息管理：添加、查询、修改、删除、存盘、浏览等。学生信息至少包括学号，姓名，性别，出生年月日，各类课程（基础类、专业基础类、专业类等）已完成学分数。

- 学生密码重置功能。

- 查询功能。

按学号查询某学生信息。

按班级号查询所有学生信息，并按学号从小到大排列。

按某类课程输出未达毕业要求的学生名单。

按班级输出未达毕业要求的学生名单。

查询全部未达毕业要求的学生名单，按总学分数从小到大排列。

- 常用的信息统计。

按学号统计指定学生获得的总学分数。

按年级分别统计各班达到、未达到毕业要求的学生总人数。

按课程类别分别统计各类课程未达到毕业要求的学生总人数。

（2）学生功能。

- 可查询本人已修学分信息。

- 查询本人其他信息。

- 修改本人登录密码。

（3）设计提示。管理员与学生分别通过密码登录。学生可对自己的信息进行查询，对个人密码进行维护。

C.3.11　学生学籍信息管理

难度系数：2级。

任务描述：为学生管理部门日常管理学生的基本信息设计一个信息管理系统。学生管理部门在新生入学时会登记每个学生的基本信息,以便今后提供给教务处、学生所在系部、毕业工作指导委员会等部门使用。

功能要求:

(1)管理员功能。

- 根据新生入学时填写的学生基本信息表设计学生的基本信息结构,并基于此结构对学生信息进行管理,包括添加、查询、修改、删除、存盘、浏览等。
- 提供多种信息查询。

  按学号查询学生信息。

  按班级号查询全体学生信息。

  按年级查询学生信息。

  按专业查询学生信息。

  提供一定的组合查询功能。
- 信息统计功能。

  统计指定入校年份、指定专业的入校学生人数。

  指定班级号,统计该班学生所属各省市的人数。

  指定年级,统计不同年级少数民族学生的人数。

  指定专业,统计各年级男女生人数。

(2)设计提示。管理员通过密码登录,进行学生信息管理、查询、统计等工作。查询、统计结果的输出格式应尽量简洁、美观、清晰,可将统计结果输出到文件中。

C.3.12 网吧信息管理

难度系数:4 级。

任务描述:设计一个网吧客户管理程序,实现临时客户和办卡客户的上网登记管理。

功能要求:

(1)管理员功能。

- 客户办卡服务:对办卡客户信息进行管理。客户信息主要包括卡号、姓名、手机号、卡有效时间、办卡日期等。登记信息之后,管理员可以添加、删除、修改、查询用户信息,可初始、重置用户密码。
- 客户上网登记:对上网用户,登记其手机号、使用电脑位置、上网日期、上网时间、下网时间、押金、实际缴费等信息。办卡客户可享受 8 折优惠,未办卡客户如果连续上网 5 小时,可享受 9 折优惠。
- 根据指定的日期统计网吧营业额。
- 指定月份,统计办卡客户、临时客户的消费额。
- 指定客户,查询客户基本信息、客户上网明细信息。

(2)用户功能。办卡用户可根据密码登录,可查询本人上网卡余额,对本人密码进行维护。

(3)设计提示。管理员和用户分别用密码登录,实现信息管理、查询、上网业务等功能。

C.3.13　五金店库存管理

难度系数：5级。

任务描述：五金店主要销售各种工具。设计一个五金店库存信息管理系统，对各类工具进行进货、销售、存货管理。

功能要求：

（1）管理员功能。

- 产品管理：对五金产品信息进行登记和管理。包括商品信息添加、删除、修改、查询、浏览、保存等。
- 人员管理：对五金店工作人员信息进行登记和管理，包括人员信息添加、删除、修改、查询、保存等。
- 销售信息查询和统计：对销售信息进行各类查询，并可按日期统计商品销售情况。
- 退货管理：对已销售商品进行退货处理。记录退货信息，并可查询退货信息。
- 查询库存数量小于2的五金件。如果小于2，还可以查询这些五金件的销售记录。如果该五金件月销售10件以上，则提示进货。
- 可以查看指定时间最热销的前五名的五金件。

（2）普通员工功能。

- 销售功能：销售五金件，对销售信息进行记录。
- 对本人的密码进行维护。

（3）设计提示。管理员和普通员工分别根据密码登录。管理员拥有商品登记、查询、统计和退货的权限；管理员负责管理普通员工，维护职工信息，对职工密码进行重置等。普通员工有销售权限，并可维护本人密码。

C.3.14　职工信息管理

难度系数：2级。

任务描述：设计一个职工信息管理系统，对某单位的职工信息进行管理，实现一定的查询、统计功能。

功能要求：

（1）管理员功能。

- 职工信息管理：职工信息包括职工号、姓名、性别、年龄、学历、工资、住址、电话等。对职工信息进行添加、删除、修改、查询、保存等操作。
- 信息查询功能：可按职工号、姓名、学历、性别、年龄等进行单项查询，或进行组合查询。
- 信息统计功能：可通过统计生成如表C-1所示的信息统计报表。

表 C-1　信息统计表

年龄	中学		高中		大专		大本		研究生	
	人数	比例	人数	比例	人数	比例	人数	比例	人数	比例
18~20										
20~30										
30~40										
40~50										
50~										
合计										

（2）设计提示。管理员通过密码登录，对职工信息进行上述管理。

C.3.15　图书借阅管理

难度系数：5 级。

任务描述：编写一个图书信息管理系统，对学校的图书信息进行管理，实现借书、还书功能。

功能要求：

（1）管理员功能。

- 图书信息管理：图书信息包括编号、书名、作者名、分类号、出版单位、出版时间、库存数量、价格等。可对图书进行添加、删除、修改、查询、保存、浏览等操作。
- 读者信息管理：读者信息包括编号、借阅号、姓名、最大借阅额度、已借阅数量、读者密码。可对读者信息进行添加、删除、修改、查询、保存、浏览等操作。
- 提供多种形式的查询：如按书名、按作者名、按出版单位、按出版时间等查询。
- 借阅信息查询：可按图书、按读者、按作者等查询相关的借书信息。
- 还书信息查询：可按图书、按读者、按作者等查询相关的还书信息。

（2）读者功能。

- 图书查询功能。
- 借书功能：读者登录后，选择借书功能。系统检查是否允许该读者借阅（是否超过已借阅最大数量）。如果允许借阅，进行图书借阅操作：在借阅表中添加新记录，修改图书库存，修改读者相关信息。
- 还书功能：读者登录后，选择还书功能。系统查看图书是否超期，超期图书需支付相应费用。还书时，应在还书表中添加新记录，修改库存，修改读者的相关信息。
- 维护读者个人密码。

（3）设计提示。管理员、读者分别用密码登录，分别完成不同的操作。

C.3.16　手机通信录管理

难度系数：2 级。

任务描述：模拟手机通信录管理系统，实现对个人通信录的管理。

功能要求：

- 通信录信息管理：包括添加、删除、修改、查询、保存、浏览等操作。通信录信息包括编号，姓名，电话号码，分类（例如，包括 A. 办公类、B. 个人类、C. 商务类等），电子邮件，生日等。具体信息可参照设计者的手机通信录结构。
- 查询功能：选择此功能时列出用户类别，例如：
  A. 办公类、B. 个人类、C. 商务类。根据选中的类别显示出此类所有联系人的姓名、电话号码及其他信息。
- 拨号功能：能显示通信录中所有联系人的信息。当选中某联系人时，屏幕上模拟打字机的效果，依次显示此联系人电话号码中的各个数字，并伴随相应的拨号声音。
- 联系人的生日提醒功能。

C. 3. 17　单项选择题标准化考试系统

难度系数：5 级。

任务描述：设计一个单项选择题的考试系统，可实现试题维护、自动组卷等功能。

功能要求：

（1）管理员功能。

- 试题管理：每个试题包括题干、4 个备选答案、标准答案等信息。可进行试题添加、删除、修改、查询、保存、浏览等操作。
- 组卷功能：指定试卷编号、试卷标题（如"程序设计基础 A 卷"）题目数、试卷总分，考试时间段（如"2017025 15：00—20170425 16：00"）等信息，自动生成试卷，可将试卷输出到文件，将答案输出到另一个文件。
- 用户管理：对用户信息进行添加、删除、修改、查询、保存、浏览等操作。
- 用户答题情况管理：指定用户，统计其做试卷的总次数以及每次所得的总分。

（2）用户功能。

- 练习功能：用户指定题目数，根据题目数进行随机选题及答题。将用户的答案与标准答案进行对比，并最终给出成绩。对错误题目，要能给出正确答案。
- 考试功能：用户选择试卷编号，如当前时间在该试卷设置的"考试时间段"内，用户可开始答题。系统可根据用户提交的答案与标准答案的对比实现判卷功能，给出成绩，并将用户所答试卷、用户的答案、用户所得总分输出到磁盘文件保存。

（3）设计提示。管理员和用户分别通过密码登录，进行题目维护、答题等操作。用户产生的答题文件，可以"用户名＋系统时间.txt"的形式存储，以便管理。

附录D 专项练习参考答案

1.2.1 单项选择题答案

1. C   2. C   3. D   4. D   5. B   6. C

1.2.2 程序阅读题答案

1. a+b=30   2. 17,21,11   3. 10 100 10   4. 10 10 10

1 单项选择题答案

1. B   2. D   3. B   4. C   5. B   6. D   7. B   8. D   9. A
10. D   11. B   12. B   13. C   14. A   15. C   16. B   17. B   18. B
19. D   20. B   21. B   22. C   23. C

2.2.2 程序阅读题答案

1. 102,10   2. 65,121   3. 19,24   4. 1

3.2.1 单项选择题答案

1. D   2. A   3. D   4. A   5. A   6. D   7. A   8. D   9. D
10. A   11. A   12. C

3.2.2 程序阅读题答案

1. end!   2. 58 58 58   3. 2 0 0   4. 1
   b=s
   c=s

4.2.1 单项选择题答案

1. D   2. D   3. B   4. A   5. A   6. C   7. A   8. B   9. A
10. C   11. C   12. D

4.2.2 程序阅读题答案

1. 4   2. FF   3. 12457810   4. 5,5

5.2.1 单项选择题答案

1. D   2. C   3. D   4. B   5. B   6. D   7. B   8. D   9. C
10. C

5.2.2 程序阅读题答案

1. sum1=27,sum2=29   2. 14   3. 852   4. 24   5. 1 1 2 3 5 8 13
6. 3 5 7

6.2.1 单项选择题答案

1. D   2. A   3. B   4. C   5. B   6. C   7. B   8. C   9. A
10. A   11. B

6.2.2　程序阅读题答案

1. 6 5　　2. *****　　　　　　　3. 2　　4. 4　　5. 5

*****
*****
*****
*****

7.2.1　单项选择题答案

1. B　　2. A　　3. D　　4. C　　5. A　　6. D　　7. B　　8. C　　9. B
10. A　　11. C　　12. B

7.2.2　程序阅读题答案

1. 0　　2. LANG　　3. 19　　4. 2　　5. BCD
　　　　　　　　　　　　　　　　　　　　　CD
　　　　　　　　　　　　　　　　　　　　　D

8.2.1　单项选择题答案

1. A　　2. A　　3. B　　4. B　　5. A　　6. C　　7. B　　8. A　　9. C
10. A　　11. D

8.2.2　程序阅读题答案

1. a＝3,b＝5　　2. 1,3,2　　3. 55　　4. 12　　5. k＝13　　6. 14　　7. 100100

9.2.1　单项选择题答案

1. D　　2. B　　3. C　　4. C　　5. A　　6. D　　7. A

9.2.2　程序阅读题答案

1. Java　　　　　　2. 3,3,3　　3. 6937 8254　　4. 67531　　5. 6
　　dBase
　　C Language
　　Pascal

10.2.1　单项选择题答案

1. D　　2. D　　3. B　　4. B　　5. B　　6. C

10.2.2　程序阅读题答案

1. 3,China　　2. i,2009　　3. f,4　　4. 24　　5. ZhangPing 20

11.2.1　单项选择题答案

1. A　　2. A　　3. C　　4. A　　5. B　　6. A　　7. A

11.2.2　程序阅读题答案

1. 统计文件 fname. txt 包含的字符数　　2. 计算文件 test. dat 的大小(字节数)

12. 单项选择综合练习答案

1. D　　2. C　　3. B　　4. C　　5. B　　6. B　　7. C　　8. C　　9. A
10. D　　11. B　　12. C　　13. D　　14. A　　15. A　　16. B　　17. B　　18. C
19. D　　20. C　　21. B　　22. C　　23. C　　24. D　　25. A　　26. D　　27. A
28. B　　29. A　　30. A　　31. C　　32. A　　33. B　　34. B　　35. B　　36. C
37. D　　38. D　　39. C　　40. B　　41. B　　42. D　　43. A　　44. D　　45. C

46. A   47. C   48. D   49. A   50. B   51. C   52. B   53. A   54. B

55. D   56. C   57. D   58. A   59. B   60. B   61. A   62. C   63. A

64. B   65. A   66. A   67. C   68. B   69. B   70. A   71. A   72. C

73. D   74. A   75. A   76. A   77. D   78. D   79. A   80. B   81. B

82. C   83. D   84. B   85. A   86. D   87. B   88. A   89. A   90. A

91. C   92. B   93. D   94. D   95. A   96. A   97. B   98. B   99. A

100. B   101. C   102. C   103. C   104. B   105. B   106. C   107. B   108. D

109. C   110. B   111. C   112. C

13. 程序阅读综合练习答案

1. 20,10   2. 10 9   3. a＝10 b＝30 c＝10   4. d＝20   5. **0****2**

6. v1＝4，v2＝7，v3＝5，v4＝8   7. a＝2,b＝1   8. 1   9. a＝1,b＝2
                                                          2
                                                          3

10. 88898787   11. k＝4   12. 28 70   13. 21   14. 1. 600000   15. x＝4

16. 6   17. a[1][3]＝－3   18. 3   19. some string ＊ test   20. 6
                             0

21. How does she   22. 21   23. 35745   24. 1   25. 8   26. 3600
                                                  5,6
                                                  4,6

27. 4   28. 5,25   29. 7 8 9   30. 6   31. 12   32. 1 2 3 3 5 4

33. 7 9 7 7   34. B   35. 1,3,5   36. 7654321   37. f   38. 1
                    6

39. 2,2,2   40. AEIM   41. －1   42. 5   43. ABCDEFGHIJKLMNOP

44. 6